実践
「USB TypeC」

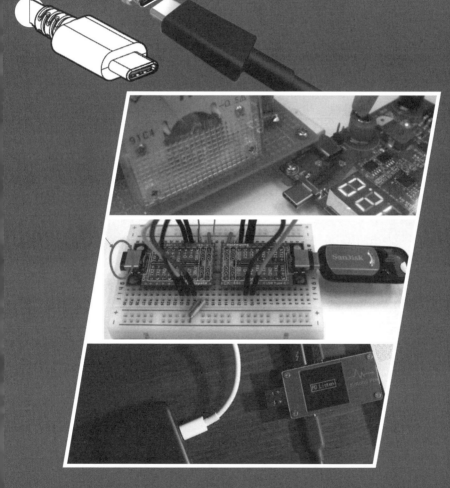

●各製品名は、一般的に各社の登録商標または商標ですが、®およびTMは省略しています。
●本書籍では「USB TypeC」と表記していますが、正式な表記は「USB Type-C」となります。
●本書籍での計測値などのスペックは「Universal Serial Bus 3.2 Specification」に準拠したものとなります。

実践「USB TypeC」

CONTENTS

「USB TypeC」でできることと選び方（シュウジマ）

「USB TypeC」関係の規格・用語を整理 7
　端子(形状)の規格／通信規格／Thunderbolt 3／映像用通信規格／「電力送電」の規格…

「USB TypeC」の「オルターネート・モード」でできること 29
　「USB TypeC」とは／「USB TypeC」で何ができるのか／「従来のUSB」の復習／「USB TypeC」の構成／USB PD…

iPad Pro(2018年型)の「USB TypeC」でできること 48
　Appleと「USB TypeC」／「USB TypeC」とは何者か／「iPad」の公式スペック／「iPad Pro」に合う周辺機器(USB関係・ドック)／「USB TypeC」ドック…

「USB TypeCドック」の選び方 63
　周辺機器を揃える前に／「USB TypeCドック」には2種類ある／ラインナップの調査／ドックの性能一覧／「ドック」を選ぶ上での注意点-映像出力性能に注目する-…

Ankerの「USB 7in1 プレミアムハブ」/「USB PD」の性能検証 76
　「USB TypeCハブ」の発熱問題／製品概要／仕　様／「USB PD」の性能／データ用USB TypeC端子の性能

「USB TypeC」の認証と解説（アリオン(株)）

「USB TypeC」機器の認証第一歩 83
「DisplayPort1.4」認定について-「HDMI」との違い、「Alt Mode」とは- 88
「USB TypeC規格」と試験のポイント 92
「USB TypeC」時代の電力関連の仕様と、それに関わる「認証試験」の例 102
高速データ伝送コネクタ トレンドと検証ポイント 110
「充電環境」を守る「認証」-「充電」の「リスク」と「安全性」- 117
「USB Vendor Info File」(VIF)とは 122
充電問題か？「USB TypeC Power Delivery充電試験」 132
「USB3.2 Gen1」(5Gbps)ジッタ耐性テスト：測定不可事例と分析 145
[実験]「スマホ」と「スマホ」をつないだら、起こること 149
[実験]「USB PDコントローラ」で「USB PD充電器」を制御する 156
「USB接続問題」のさまざまな原因と、その問題の調べ方 162
パソコンの普及拡大と「周辺機器をつなぐUSBインターフェイスの相互関係」について 165

出典 171
索引 172

「USB TypeC」でできることと選び方

[シュウジマ]

　「USB TypeC」は、その機能の豊富さの代償として複雑な構成になっており、関連製品をきちんと選ぶためには、非常に多くの知識が必要です。

　「USB TypeC」製品の複雑さは、ときに批判の的となります。
　しかし、「USB TypeC」がなければ実現できなかったさまざまな機能や製品が、次々と生まれているのも事実です。

＊

　私は2014年から「USB TypeC」を追ってきました。
　ブログに「USB TypeC」製品のことをまとめはじめたのは、「USB TypeC」の素晴らしさを、多くの人に共有したいと思ったことがきっかけです。

＊

　私が「USB TypeC」製品を選ぶ際に、実際に学んだことを中心に、筆者のブログ記事が元になっています。
　「USB TypeC」を構成する複雑な「規格」や、たくさんの「用語」について解説しているほか、製品を選ぶときに気にすべき実践的なポイントなどを記しました。

　元記事の性質上、厳密性を排したり、個別の製品について強く言及しており、普遍性の高い技術書とは言えない部分が多々あります。
　その点に関しては、アリオン（株）様が執筆した、本書後半の記事が役に立つはずです。

「USB TypeC」関係の規格・用語を整理

「USB TypeC」端子はこれまでの「USB端子規格」と比べて、**拡張性が高く設計**されています。

そのため、「TypeC」に関連する規格は、役割に応じて、いくつもに分かれています。
・端子の規格
・通信規格
・映像規格
・電力送電の規格

その結果、同じ端子形状であるにも拘わらず、一部の規格のみに準拠した「ケーブル」や「デバイス」が、たくさんあります。

また複雑な規格に準拠しきれず、**規格不適合な(本来あってはならない)製品**もあるようです。

今回は、これらの「規格」それぞれの役割と、概要をまとめてみました。

「USB TypeC」関係の規格・用語を整理

端末編は、図1の通りです。

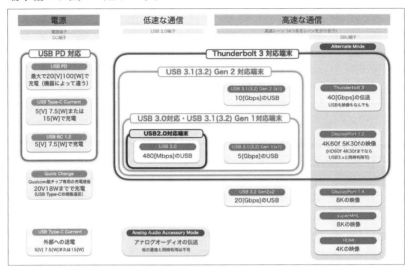

図1 「USB TypeC」に対応している規格(端末編)

＊

ケーブル編は、図2の通りです。

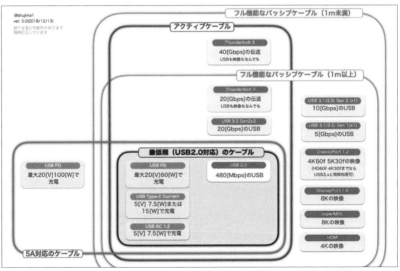

図2 「USB TypeC」に対応している規格(ケーブル・USB変換アダプタ)

「USB TypeC」関係の規格・用語を整理

 端子(形状)の規格

■ USB TypeC

次世代の「USB端子形状」の規格です。
しばしば、「USB-C」と表記されます。

通信の「親」側に使う「USB TypeA」と、「子」側に使う「USB TypeB」に対して、新たに両者で同一の端子形状を使える規格として策定されました。

同じ趣旨で以前から存在した「USB On-The-Go」と異なり、最新のトレンドを踏まえて、これまでのUSB端子になかった特性が追加されています。

[主な特徴]

・親側(ホスト・ハブ側)、子側(デバイス側)ともに同じ端子を用いる
・「USB 3.1」といった高速な信号を流せる「通信線路」を「4レーン」備える
・表裏問わず接続できる

[その他、細かな特徴]

・「TypeA」や「B」とは、形状に互換性がない
・最大電流が「3[A]」に増加(一部は5[A])
・「TypeC」の「レセプタクル」(メス)を備えた変換アダプタは禁止
・「USB3.1」と一緒に規格化されていながら、「USB 3.1」への対応はオプション

「USB TypeC」関係の規格・用語を整理

- 「USB 3.1」に対応した「TypeC」のことを、「Full-Featured」と言う
- 「USB TypeC」ケーブルの最低限の実装は、「USB 2.0」として機能する
- 電源関連の検出に使われる「CC線」を備える

●ピン配置

「USB TypeC」は、表裏に各12個、合計「24ピン」あります。
「24ピン」の内訳は、表1のとおりです。

表1　24ピンの内訳1

種　別	ピン数	備　考
＋電源	4	5[V]（USB PDに対応している場合5～20[V]で可変）
GND	4	ケーブルのシールドにも接続される
USB 2.0	4	「D+」と「D-」が2ピンずつ。 「Audio Adapter Accessory Mode」のときは、「アナログ信号」
高速レーン	8	高速レーン×4 （ノイズ対策のため、それぞれ2ピンの「差動伝送レーン」）
CC	2	「TypeC」独自の機能を中心に、さまざまな動作をする。 ※後述
SBU	2	〈「USB 3.1」では利用しない低速線路〉×2
合　計	24	

表2　24ピンの内訳2

Table 3-5 USB Type-C Receptacle Interface Pin Assignments for USB 2.0-only Support

Pin	Signal Name	Description	Mating Sequence	Pin	Signal Name	Description	Mating Sequence
A1	GND	Ground return	First	B12	GND	Ground return	First
A2				B11			
A3				B10			
A4	VBUS	Bus Power	First	B9	VBUS	Bus Power	First
A5	CC1	Configuration Channel	Second	B8	SBU2	Sideband Use (SBU)	Second
A6	Dp1	Positive half of the USB 2.0 differential pair – Position 1	Second	B7	Dn2	Negative half of the USB 2.0 differential pair – Position 2	Second
A7	Dn1	Negative half of the USB 2.0 differential pair – Position 1	Second	B6	Dp2	Positive half of the USB 2.0 differential pair – Position 2	Second
A8	SBU1	Sideband Use (SBU)	Second	B5	CC2	Configuration Channel	Second
A9	VBUS	Bus Power	First	B4	VBUS	Bus Power	First
A10				B3			
A11				B2			
A12	GND	Ground return	First	B1	GND	Ground return	First

[参考] USB-IF「USB TypeC」Specification Release 1.3
https://www.usb.org/documents

●ケーブル配線

「USB TypeC」のケーブルは「Full-Featured」なタイプで15～16種類の配線が通っています。

「V_CONN」はケーブルのための「電源線」なので、ケーブルが必要とする場合のみ実装されます(表3)。

表3 「Full-Fuatured」タイプの配線内訳

種別	配線数	備考
＋電源	1	5[V] (「USB PD」に対応している場合、「5～20[V]」で可変)
GND	1	「リファレンス」だと「2本」+「シールド」
USB 2.0	2	「D+」と「D-」
高速レーン	8	高速レーン×4 (ノイズ対策のため、それぞれ2本の「差動伝送レーン」)
CC	1	「TypeC」独自の機能を中心に、さまざまな動作をする。※後述
SBU	2	(「USB 3.1」では利用しない低速線路)×2
V_CONN	1	ケーブル内蔵ICの「駆動電源」
合計	16	

「USB3.0」の最大8本と比べると、大幅に増加しています(図3)。

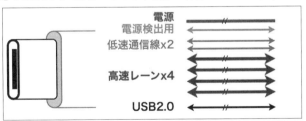

図3 「USB3.0」の配線

それにも拘わらず、「USB3.0」の標準的なケーブル(最大6mm)よりも細く(4.8mm)なるように設計されているようです。

次の図4は、「USB 3.0」のケーブルの構造です。

図5の「Full-Featured」な「TypeC」ケーブルのほうが、集積度が高いことが分かります。

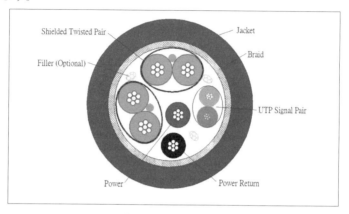

図4 「USB3.0」のケーブル構造

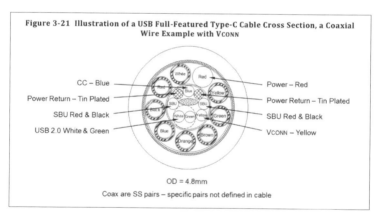

図5 TypeCケーブル「Full-Featured」タイプ

[参考]「"USB-IF「USB TypeC」Specification Release 1.3 p.61"」
「USB-IF : USB 3.1 Legacy Cable and Connector Revision 1.0 Redline against 3.1 Final p.40」

＊

それに対し、「TypeC」の「USB2.0」タイプのケーブルは、6本まで減少します(表4)。

表4　「TypeC」の「USB2.0」タイプのケーブル内訳

種別	配線数	備考
V_BUS	1	5[V]
		(「USB PD」に対応している場合「5～20[V]」で可変)
GND	1	「リファレンス」だと「2本」+「シールド」
USB 2.0	2	「D+」と「D-」
CC	1	「TypeC」独自の機能を中心に、さまざまな動作をする。※後述
V_CONN	1	ケーブル内蔵ICの「駆動電源」
合計	6	

図6　「TypeC」の「USB2.0」タイプの配線

このうち、「V_CONN」はケーブルが必要とする場合のみなので、「USB TypeC」のケーブルで最小の構成は5本です(「CC」は必須)。

■ Configuration Channel(CC)

「TypeC」独自のピンとして「CC1」「CC2」があります。
また、ケーブルには「CC」という1つの線があり、これらを用いて以下のことを行ないます。

・「表裏の向き」の検出
・「変換アダプタ」か否か
・送電電圧・電流の通信(USB PD規格)
・ケーブルの最大電流の通信(USB PD規格)

なお、2つのピンはプラグを挿す"向き"によって、どちらかが「CC線」と接続されます。

接続されなかったほうの線は「V_CONN」と呼ばれ、「アクティブ・ケーブル」で、ケーブル内の回路を駆動する電源として使われます。

■ Sideband Use (SBU)

「SBU」はUSBでは利用しない、予備の線路のようなものです。

ただし、「USB3.1」に対応するケーブルには、実装が義務付けられています。

また、「Alternate Mode」では、低速な通信用途に使われています。

■「Source」と「Sink」

「TypeC」では端子形状が同一なため、「親」「子」の関係が曖昧となります。

「TypeC」独自の「CC」を利用した通信においては、"「電源を供給する側」が「親」"となります。

つまり、「PC」と「ACアダプタ」の場合は、「ACアダプタ」が「親」となります。

この親側のことを「Source」、子側のことを「Sink」と言います。

■ Legacy

「USB 3.1」になっても「A型」(「Standard-A」など)や「B型」(「micro-B」など)の端子は健在です。

これら昔からある端子のことを、**「Legacy」な端子**と呼びます。

2 通信規格

「USB TypeC」の通信規格は、「USB」と「USB以外」に分けられます。

「USBなのにUSB以外とはこれいかに」、と思うかもしれませんが、「USB TypeC」は"USB以外の伝送"に対応できるように設計されています。

■ USB 3.1

2013年に策定された「USB通信規格」です。

［主な特徴］

- 最大転送速度10Gbpsの「SuperSpeedPlus」に対応
- 対応する端子に「USB TypeC」を追加

■ Enhanced SuperSpeed

「USB 3.0」以降の高速通信、「SuperSpeed」や「SuperSpeedPlus」の総称です。

「USB 3.1」では高速なレーンのうち、(「上り」と「下り」合わせて)「2レーン」を使って通信します。

「USB TypeC」関係の規格・用語を整理

Column 「Gen1」と「Gen 2」

「USB 3.1 規格」は「USB 3.0」を上書きする形で規格化されました(「USB 2.0」は残っている)。

旧来の「USB3.0」と同等のものが「USB 3.1 Gen 1」と規格化されています。
また、最高10Gbpsの「SuperSpeedPlus」は「USB 3.1 Gen 2」と規格化されています。

- USB 3.1 Gen 1 → SuperSpeed (5Gbps) に対応
- USB 3.1 Gen 2 → 上記に加えてSuperSpeedPlus (10Gbps)に対応

素直に「USB3.1」とだけ言った場合、どちらのスピードに対応しているか分からないわけです。

なぜ「Gen x」なんていう特殊な名前をつけたのか気になり、自分なりに憶測してみました(あくまでも憶測です)。

*

2014年までに「USB TypeC」と「USB 3.1」がほぼ同時に規格化され、2015年に初めて、「TypeC」を搭載したノートパソコンである「MacBook」が発表されました。

この「MacBook」は、これまでにない薄型を実現するために、

- USB TypeC
- Intelの「4.5W CPU」によるファンレス設計

を採用しています。

ところが、このIntelの「CPU」の周辺は、「SuperSpeed」にしか対応していません。
今後もしばらく、「SuperSpeedPlus」に対応する見込みもありません。
とはいえ、「TypeC」である以上、「USB3.1」と名乗らなければなりません。
「最新のUSB規格なのに最高速ではない」という"ねじれ"状態が生じてしまいました。

そこで、このような"ねじれ"状態を少しでも（マーケティング上）分かりやすくするために、「USB 3.1 Gen 1」と名付け、通信速度も「USB 3.1」に対応したものを「USB 3.1 Gen 2」と名付けることにしました…といような気がします。

■ USB 3.2

2017年に策定された、USBの「次世代通信規格」です。

[主な特徴]
・「USB3.1」に比べて「USB TypeC」端子の場合のみ、実質2倍の転送速度に対応
・伝送距離を伸ばせる「アクティブ・ケーブル」の規格が追加

■ 「Dual-Lane」について

「USB TypeC」が備える4レーンの高速通信線路のうち、「USB3.1」では「上り」と「下り」1レーンずつのみを使っていました。
　「USB 3.2」では「上り」「下り」2レーンずつすべて利用することで、通信速度を向上させます。
　これを、「Dual-Lane」と言います。

よって、中身は「10Gbps」の「SuperSpeedPlus」そのものですが、「TypeC」では、実質「20Gbps」で転送できることになります。

ケーブルについては、これまでの「USB 3.1」ケーブルをそのまま利用できます。
「親側」「子側」の機器は、ともに「USB 3.2」に対応している必要があります。

> ※なお、「10GbpsがSuperSpeedPlusなら、20Gbpsはなんだ」と思ったのですが、どうやら変わらず「SuperSpeedPlus」のようです。
> 　また、各通信パターンの名称は「USB 3.2 Gen 1 x1」(5Gbps)、「USB 3.2 Gen 2 x1」(10Gbps)、「USB 3.2 Gen 1 x2」(10Gbps)、「USB 3.2 Gen 2 x2」(20Gbps)となったようです。

[参考文献]
USB-IF：USB 3.2 Revision 1.0

■ Audio Adapter Accessory Mode(AAAM)

「USB TypeC」で「アナログオーディオ出力」を行なえるという、"なんでもあり"な「USB TypeC」を象徴する規格です。

「CCピン」の電圧などが特定の場合、「USB 2.0」のピンの役割を切り替えて、「アナログ・オーディオ」を出力できるものです。

「USB 2.0」が使えなくなってしまうので、他の通信との同時利用はできません。

スマートフォンに直接「ヘッドホン・ジャック変換アダプタ」を挿すような用途のみを想定しているようです。

また、この規格を利用したヘッドホンを作ることはできません。

また、Googleは「Andoroidスマートフォン」において、「Audio Adapter Accessory Mode」への対応を非推奨としていします。

通常は、下記の「TCDA規格」にのみ、対応します。

[参考] "USB-IF「USB TypeC」Specification Release 1.3 p.213"

■ USB TypeC Digital Audio(TCDA)

「USB TypeC Digital Audio」は、「USB TypeC」におけるデジタルオーディオの規格です。

実のところ「USB Audio Device Class」そのものであり、他の「USB Audio」となんら変わりはありません。

わざわざ言及するまでもなく、通信は、ただの「USB2.0」です。

「Audio Adapter Accessory Mode」とともに付録内で言及していることからも、「アナログじゃなくてデジタルを主に使ってね！！」という主張なのかもしれません。

[参考] "USB-IF「USB TypeC」Specification Release 1.3 p.213"

■ Alternate Mode

ややこしい「USB TypeC」規格の中でも、最もややこしい規格です。

[主な特徴]

- ・「Alternate Mode」自体は単独の規格ではなく、「USB TypeC」規格の中で規格化されている
- ・「TypeC」は「USB 2.0」に対応していればいいので、残りの余ったのピンをまったく異なる信号の伝送に利用できる
    - ・「USB2.0」としての機能は残る
    - ・「USB3.x」の通信は、「高速レーン」2本ぶんを「USB」が使えるのであれば、同時利用できる
    - ・「Alt Mode」と表記されることが多い
    - ・「USB 3.1」と「Alternate Mode」は、直接関係がない
    - ・あくまでも「USB TypeC」端子の規格であって「USB 3.x」の通信の規格の外
    - ・このため、USB通信規格用機器である「USBハブ」は、「Alternate Mode」に対応していない
    - ・"「Alternate Mode」対応機器"同士を直接つなぐ必要がある
- ・「Alternate Mode」に対応する通信規格は、「USB TypeC」の規格上では定められていない

※通信規格ごとに、「USB TypeC」の「Alternate Mode」での利用が定められている

●「Alternate Mode」に対応する規格

現状、「Alternate Mode」に対応している「通信」や「映像」の規格は、以下の通りです。

- ・DisplayPort 1.4
- ・Thunderbolt 3
- ・MHL
- ・HDMI 1.4b

このうち「HDMI」は、「Alternate Mode」への対応が遅れてしまいました。

そのため、「MacBook」をはじめとする多くの2018年時のデバイスは「HDMI」の「Alternate Mode」に対応していません。

また、「HDMI」の最新バージョンは「2.1」ですが、「1.4b」より後の「HDMI」は、2018年時では「Alternate Mode」に対応していません。

■ USB Billboard Device Class (USB BB)

「Alternate Mode」を制御するための規格です。

「Alternate Mode」に対応する周辺機器には、「**USB Billboard Device**」という「制御IC」のようなものを搭載する必要があります。
そして、この「制御IC」は「USB 2.0」を使って通信するため、「Alternate Mode」では「USB 2.0」の機能を残す必要があります。

「Alternate Mode」では、他の4つの「高速レーン」と2つの「SBU線」の「通信線10線6本」(「高速レーン」は2線で1本、「SBU線」は1線で1本)を使えます。

3 Thunderbolt 3

Appleの「**Thunderbolt**」は「USB」に比べて、より高度な用途向けた「汎用高速伝送規格」です。

*

「Thunderbolt」は「USB」とは異なる規格ですが、"なんでも情報を流せる"という点では変わりません。
「USB」のように、多くのデバイスを同時接続する用途は想定していない代わり、少ないデバイスと「超高速」で通信できます。

「**Thunderbolt 3**」は「Mac向けの5Kディスプレイ」「大容量RAIDストレージ」「外付けグラフィックスカード」などに利用されています。

[主な特徴]

- 伝送速度は「USB3.2」を上回る最大「40Gbps」
- 「デイジーチェーン」(数珠つなぎ)をサポート
- 端子の形状は「USB TypeC」のみ
- 「USB 3.x」に比べて高速であるため、デバイスだけでなく、ケーブルも「Thunderbolt 3」に対応したものが必要
- 「Thunderbolt 3」の最大速度に対応したケーブルは、長さが1[m]未満であるか、「USB 3.x」との互換性のない専用ケーブルを用いる必要がある

■「Thunderbolt」の概要

「Apple」と「Intel」が推してる規格であり、2011年に策定されました。

当初から、「プロ向け周辺機器の高速通信」をターゲットにしており、"初代"で「10Gbps」、"2"で「20Gbps」、"3"で「40Gbps」と、圧倒的な通信速度を誇ってきました。

*

他の通信規格と大きく異なる点は、"独自の端子形状"をもたないことです。

「Thunderbolt 2」までは、端子形状に「mini DisplayPort」を採用していました。

「Thunderbolt 3」では端子形状を「USB TypeC」に変更し、「USB TypeC」の「Alternate Mode」に対応させました。

「Thunderbolt 3」からは小型の端子であることや、「ディスプレイ解像度増加のトレンド」「外付けグラフィックスカードの浸透」などから、これまで以上に普及しています。

4 映像用通信規格

厳密には、映像も通信規格に変わりないですが、情報の流れる方向が単一(PC→ディスプレイ)で、高速リアルタイムな通信が必要であり、規格もたくさんあります。

「Thunderbolt 3」を利用して映像を伝送することもできますが、ここでは映像に特化した「Alternata Mode」対応の規格を紹介します。

■ DisplayPort over USB-C

「USB TypeC」の「AlternateMode」を利用して、「DisplayPort」の伝送を行なう規格です。

「Alternate Mode」で、最も対応デバイスが多い規格です。
最新世代の「DisplayPort 1.4」であれば、「USB 2.0」と「5K」の伝送を同時に利用、または「USB 3.1」と「4K60 [Hz]」の伝送を同時に利用することができます。

しかしながら、実際にはIntelの「CPU」の対応状況などから、より低速な「DisplayPort 1.2」に対応しているものが、大半を占めます。
この場合、「USB 2.0」と「4K 60 [fps]」の伝送を同時に利用、または「USB 3.1」と「4K 30 [fps]」の伝送を同時に利用することができます。

＊

Apple Store限定販売のLG製ディスプレイ「UltraFine」シリーズは、「4Kモデル」「5Kモデル」ともに「TypeC」で接続します。

しかしながら、「4Kモデル」は「Alternate Mode」の「DisplayPort」規格で伝送するのに対し、「5Kモデル」は「Alternate Mode」の「Thunderbolt 3」規格で伝送しています。
このため、「DisplayPort1.2」接続の「4Kディスプレイ」は、「4K60 [fps]」を実現させ、「USBハブ」の機能は「USB 2.0」に止まっています。

「Thunderbolt 3」接続の「5Kディスプレイ」は、「USB 3.1」のハブを搭載し

ています。

[参考] DisplayPort.org DISPLAYPORT OVER USB-C

■ MHL Alt Mode for USB TypeC

「USB micro B」で映像を伝送する規格としてスタートした「MHL」は、「TypeC」にも対応しています。

特筆すべき点として、「伝送に使うレーン数が1～4まで可変である」ということがあります。

最小で「SBU」と「1レーン」あれば映像を伝送可能なので、「DisplayPort」と同様に「USB 3.1」の「Enhanced SuperSpeed」と共存可能です。

■ HDMI Alt Mode for USB TypeC Connector

「USB TypeC」の「AlternateMode」を利用して、「HDMI」の伝送を行う規格です。

[参考] HDMI org：HDMI Alt Mode for「USB TypeC」™ Connector

●「HDMI Alt Mode」の普及状況

他の規格と比べて、大きく出遅れて「Alternate Mode」に対応しました。

そのために、2018年時では一般的な「USB TypeC to HDMIアダプタ」は「Alternate Mode」で「DisplayPort」の通信を行ない、「HDMI」に変換しています。

今後、「HDMI」に直接対応するアダプタが出た場合、現行のデバイスでは使用できません。

見た目には変わらないのに、中の通信方式で使えたり使えなかったりしてしまいます。

5 「電力送電」の規格

■ 「USB 3.1」と「USB 3.2」

「USB 3.1」または「3.2」では、「USB3.0」と同様に「5V最大900 [mA]」の給電に対応します。

後述の「USB TypeC Current」があるので、「USB TypeC」の場合はより多く流せます。

[参考] USB-IF : Universal Serial Bus 3.1 Specification p.582 (11-10)

■ USB TypeC Current

「USB TypeC」端子は、これまでの端子と比べて、流せる「電流」が増えました。

「USB PD」に対応していなくとも、「USB TypeC Current」という規格に対応していれば、以下の電流に対応しています。。

・USB TypeC Current @ 1.5A
　5 [V] 1.5 [A] 以下
・USB TypeC Current @ 3.0A
　5 [V] 3.0 [A] 以下

ただし、「TypeA」や「TypeB」との「変換アダプタ・ケーブル」については、これまでと同様の「900mA」までとなります。

[参考] USB-IF : 「USB TypeC」Specification Release 1.3 p.26
(http://www.usb.org/developers/docs/)

■ USB PD 3.0

次世代の「USB電力送電規格」です。

「USB TypeC」や「USB 3.1」とは独立した規格ですが、ほぼ同時期に策定されました。
「USB TypeC」でしか利用できないため、「USB TypeC」と関連の深い規格です。

＊

これまでの「USB」とは、**桁違いの大電力を送電できます。**

[主な特徴]

- 「5 [V]」で「固定」だった電圧が「可変」になった
- 「給電側」と「受電側」でお互いに通信し、「受電側」が要求した「電圧」「電力」で送電
- 「USB TypeC」端子のみで利用できる
- 任意の「電圧」「電流」を設定可能

●「電圧」「電流」について

以下の4つが規定されています。

- 5 [V] 3 [A] 以下（最大15 [W]）
- 9 [V] 3 [A] 以下（最大27 [W]）
- 15 [V] 3 [A] 以下（最大45 [W]）
- 20 [V] 5 [A] 以下（最大100 [W]）

送電元が供給できる「電力」（PDP）に応じて、対応する「電圧」が表5のように定められています。

表5 対応する電圧

PDP [W]	Current (5 [V] 時) [A]	Current (9 [V] 時) [A]	Current (15 [V] 時) [A]	Current (20 [V] 時) [A]	備考
0.5 - 15	PDP/5	-	-	-	
15 - 27	3	PDP/9	-	-	
27 - 45	3	3	PDP/15	-	
45 - 60	3	3	3	PDP/20	
60 - 100	3	3	3	PDP/20	5 [A] 対応のケーブルが必要

このように、電力の大きな供給機器は、最大より小さな「規定電圧」にすべて対応することが義務付けられています。

> ※20[V]2.5[A]のACアダプタの場合、「5[V]3[A]」「9[V]3[A]」「15[V]3[A]」も出力できる必要があります。

また、上記の4つの電圧以外にも、任意の電圧を設定可能です。
その場合であっても、このルールは変わりません。

> ※12[V]1.5[A]のACアダプタの場合、5[V]3[A]、9[V]2[A]も出力できる必要があります。

「3[A]」を超える送電には、ケーブルがチップを搭載し、送電できる電流を申告できる必要があります。

> [参考] Universal Serial Bus Power Delivery Specification Revision 3.0 p.555

●「不適合製品」の乱造

「ACアダプタ」や「ケーブル」に高度な通信機能を要するため、中小サプライメーカーの製品を中心に、規格に適合しきれていない"不完全な製品"がたくさん売られてしまっている現状があります。

そのため、「USB PD」製品は、詳しい人のレビューを見てから買うべきです。

＊

2016年に「専用ロゴ」が用意されましたが、普及していない印象があります。

図7 「USB PD」の専用ロゴ

●以前の「USB PD」

「USB PD」の仕様は、これまでに2回ほど「メジャー・バージョンアップ」してきました。

特に、1回目のバージョンアップ以前の「USB PD 1.0」では、標準の電圧が、
- 5 [V] 2 [A]
- 12 [V] 3 [A]
- 20 [V] 5 [A]

の3種類でした。現在の仕様と大きく異なりますね。

●USB BC 1.2

- 従来の「USB TypeA」や「B端子」で利用できる電力送電の規格
- 5 [V] 最大 1.5 [A] の最大 7.5 [W] に対応
- 大型の「スマートフォン」や「タブレット」はこれでは足りないため、「Apple規格」や「Quick Charge」などの独自拡張規格が乱立
- 「USB TypeC」では「TypeC Current」「USB PD」「USB BC 1.2」以外の送電規格を利用できない決まり

6 ケーブルの種類

■ パッシブ・ケーブル

ただの導線で接続されたケーブルです。

■ アクティブ・ケーブル

ケーブル中に信号処理をする「IC」が搭載されており、**「誤り訂正」**や**「信号強度」**の増大を行ないます。

「USB TypeC」の「アクティブ・ケーブル」というと、一般には「Thunderbolt 3」の最高速度に対応した長いケーブルが挙げられます。
このケーブルは、「USB 3.1」には使えません。

「USB 3.2」で、「USB」と同様に「アクティブ・ケーブル」が追加されました。
ただし、「Thunderbolt 3」の「アクティブ・ケーブル」との互換性は分かりません。

[本記事を通しての参考文献]

http://www.usb.org/developers/docs/
https://thunderbolttechnology.net/blog/difference-between-usb-c-and-thunderbolt-3
https://www.hdmi.org/manufacturer/HDMIAltModeUSBTypeC.aspx
http://www.mhltech.org/technology.aspx
https://www.displayport.org/displayport-over-usb-c/
https://thunderbolttechnology.net/consumer/
http://literature.cdn.keysight.com/litweb/pdf/5992-1393JAJP.pdf?id=2741428
FAQ - DisplayPort

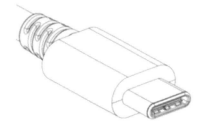

「USB TypeC」の「オルターネート・モード」でできること

「USB TypeC」の機能の中で、「Alternate Mode」(オルターネート・モード) あたりが分からない人が多いようなので、説明します。

1 「USB TypeC」とは

「USB TypeC」は、「USB-IF」(USB実行委員会)によって規格化された、新しいUSB用の「端子」です。

Appleが勝手につけた別名、「USB-C」とも呼ばれます。

本記事では、できる限り「USB TypeC」と表記しますが、一部「USB-C」と表記する場合もあります。

＊

最近、従来型の「USB」に代わって急速に普及しています。

たとえばApple製品では、2018年時点に販売されているほぼすべての「Mac」と、「iPad Pro」に採用されています(デスクトップの「Mac」を除けば、従来のUSBは廃止されています)。

2 「USB TypeC」で何ができるのか

「USB TypeC」は、あくまでも端子の「規格」ですが、その端子を"最大限に活用"できた場合には、以下のことができます。

・従来のUSBの「2倍」のスピードでの「USB通信」(USB 3.1 Gen 2)
・従来のUSBの「13倍」もの大電力の「送電」(100W=20V5A)
・映像など、USB以外の信号を「伝送」(Alternate Mode)

これによって、今まで「ノートパソコン」や「スマートフォン」に、ケーブルで接続していたものを、「**すべてUSB TypeC端子でまかなおう**」という構想になっています。

たとえば、以下のようなものがあります。

・USB
・充電器
・ディスプレイ

実に意欲的ですね。

では、どうしてこんなにいろんなことができるのでしょうか。

「USB TypeC」の中身の"仕組み"から紐解いていきます。

「従来のUSB」の復習

「USB TypeC」の説明をする前に、そもそも、今までの「USB」がどんなものだったのかを、軽く振り返りたいと思います。

■「USB 2.0」と「3.0」

「USB TypeC」が登場する以前にも、USBにはいろんな形の端子がありました。

それらに機能的な大差はなく、大きな違いは「「USB 3.0」に対応するか否か」だけです。

■「USB 2.0」以前の「Standard-A端子」

「Standard-A端子」の見た目が、いちばんUSB"っぽい"ので、「Standard-A端子」で説明します。

いちばん初期のUSBから使われているこの端子は、**4本の配線を接続します**。4本の内訳は、電源の「＋」「－」と、通信線の「D+」「D-」です。

図1 「Standard-A端子」の配線

「D+」「D-」は2本の「信号線」ですが、**2本セットで使います**。
「差動伝送」といって、2本で同じ信号を流すと"**ノイズに強くなるから**"です。

「差動伝送」する組1つのことを「**1レーン**」と言うことにします。
「USB 2.0」までは、「1レーン」しかなく、「行き」も「帰り」も同じ経路を使います。
通信速度は、「行き」も「帰り」も全部合わせて**480Mbps**までです。

「**bps**」は「bit per second」の略で、通信速度の単位です。

先ほどの例でいうと、「1秒あたり480メガビット(=60メガバイト)転送できる」ということです。
　この値は理論値であり、実際には「行き」と「帰り」の「切り替え処理」や「ノイズ」などが原因で、何倍も遅くなります。少し物足りない速度です。

■「USB 3.0」以降準拠の「Standard-A端子」

　「USB 3.0」になって、「信号線」の本数が格段に増えました。
　「USB 2.0」の配線はすべて残したまま、4本の配線が追加され、計8本の配線が通っています(追加された端子は、見えない奥のところにあります)。

　追加の4本は、「差動伝送2レーン」で1レーンを「行き専用」に、もう1レーンを「帰り専用」に使います。

　追加されたレーンは、電線の構造から「ノイズ耐性」を強化されており、「5Gbps」の速度で通信できます。
　「USB 2.0」が「480Mbps」だったので、"**約10倍**"の高速通信になります。

　もともとあった「USB 2.0」の線は、そのまま「USB 2.0」の「通信専用」として使われます。

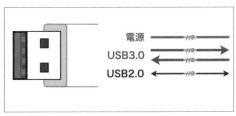

図2　「USB3.0」の配線

4 「USB TypeC」の構成

ここまでが「以前のUSB」の復習でした。

「USB TypeC」では、「通信線」の量が一気に増えます。

「USB TypeC」は端子数が「24ピン」もあり、相手側につながる配線は「15本」にまで増えます。

内訳は下図の通りです。

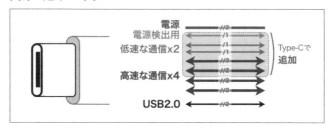

図3 「USB TypeC」の配線

まず、「USB TypeC」には「USB 3.0」までと同じ配線がすべてあります。(後述しますが、「USB 3.1」非対応のケーブルでは、「高速レーン」はありません)。

さらに、以下の3種類7線が追加されています。

・「USB 3.0」と同等の「高速レーン」　×2
・低速な「通信用」の線　×2
・電源の「検出用」の線

さて、これらは何に使うのでしょうか。順番に説明していきましょう。

5 USB 3.1

端子の規格である「USB TypeC」と同時に、通信の規格である「USB 3.1」が規格化されました。

「USB 3.1」には、2種類あります。

(1) USB通信のスピードが今までと同じもの「5Gbps」(「Gen 1」と言います)
(2) 2倍速くなったもの「10Gbps」(「Gen 2」と言います)

です。

では、「USB 3.1」の配線はどこを使うのでしょうか。
それは、以下の通りです。

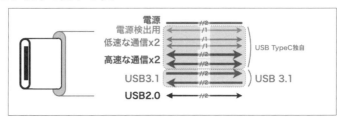

図4 「USB3.1」の配線

なんと「USB 3.1」では、"「USB TypeC」で追加された線は使わない"のです。
そのため、「USB 3.1」のすべての機能は、従来の「USB 3.0」のケーブルでも使えます。

それでは「なんのために増やしたんだ」、ってなりますよね。

＊

「USB TypeC」は、"従来のUSBではできなかったこと"を実現するために、これだけ配線を増やしました。
できるようになったことは、「USB PD」「Alternate Mode」の2つです。

6 USB PD

「USB TypeC」では、「USB PD」という「電源の規格」が利用できます。

「USB PD」では、「USB TypeC」で新たに追加された「電源用」の「通信線」(CC)を使って、「電源側」と「デバイス側」とで通信しながら「電源供給」する規格です。

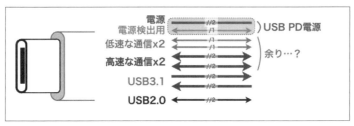

図5 「USB PD」の配線

通信することによって、これまでに比べて安全に、かつ相手に合わせて最適な電気を送ることができます。

＊

具体的には、これまで「5V1.5[A]」(=7.5[W])程度までしか送れなかったものが、「20[V]5[A]」(=100[W])までと、**10倍以上向上しました**。

「USB PD」対応の「ACアダプタ」は、自分が「xx[V]xx[A]」出すことができるかを相手に伝えることができます。
「ACアダプタ」によって何[V]何[A]出すことができるかは異なります。
「デバイス側」は、その中に自分が「充電」できるものがあるかをチェックして、マッチングすれば「給電」が開始されるわけです。

そのため、「USB TypeC」の「ACアダプタ」を購入する際には、「デバイス」に対応した「電力」を出せるかどうかを確認して買いましょう。
自分と同じデバイスのレビューをチェックするのがいいでしょう。

7 オルターネート・モード

「USB TypeC」では「Alternate Mode」というものが使えます。
日本語で書くと「オルターネート・モード」、翻訳すると「代理モード」でしょうか。

＊

「USB TypeC」では、「USB 3.0」と同等の「高速レーン」が2つ追加され、計4レーン用意されました。

「USB TypeC」では余ってしまった「2レーン」を含め「**余った配線はUSBとまったく異なる別の通信に利用してよい**」ことになっています。
これが、「オルターネート・モード」です。

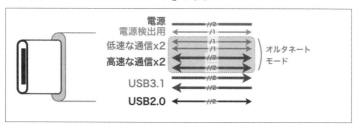

図6　「USB TypeC」における「オルタネート・モード」

「オルターネート・モード」という仕様に対応させれば、どんな通信でも流していいことになっています。

ただし、現実に普及している「オルターネート・モード」は、「DisplayPort」と「Thunderbolt 3」の2つです。

■ DisplayPort

「DisplayPort」は「HDMI」のライバルとも言われ、「ディスプレイ」と「パソコン」をつなぐ配線として有名なものです。
「HDMI」よりも高速なことが多く、高画質なディスプレイに多用されます。

＊

「USB TypeC」の「オルターネート・モード」では、「DisplayPort」を利用可能です。

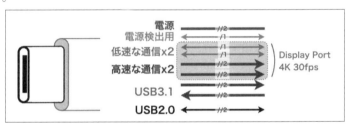

図7 「DisplayPort」の配線

「USB 3.1」を利用しながら、最大「Full HD 60fps」2台ぶん、あるいは「4K 30fps」1台ぶん映像伝送ができます。

「fps」は、1秒間に何回映像を変えるかの単位で、映像のなめらかさに関わります。
通常、「60fps」あれば非常になめらかな部類です。

つまり、「USB TypeC」が1本あれば「電源」「USB」「映像」の3つの機能が果たせるわけです。

■ Thunderbolt 3

"オルターネート・モード界"の王様が、「Thunderbolt 3」です。

聞いたことない方も多いと思いますが、主にApple製品やプロ向けの機材で使われる「高速通信規格」です。

そして、「Thunderbolt 3」の特徴は**「超高速」**だということです。

*

「Thunderbolt 3」では、なんと「40Gbps」の高速な通信が可能です。
「USB 3.0」が「5Gbps」ですから、猛烈なスピードですね。

そして、この高速な通信を利用して、いろんな信号をまぜて送ることができます。
たとえば、「5K 60fps」を送ってもまだ余るため、他の映像を送ったり、USBの通信を送ったりできます。

*

「Thunderbolt 3」では、その「超高速」を実現するために、「USB TypeC」がも4つのレーンをすべてフル活用します。
そのため、「USB 3.1」専用のレーンはなくなってしまいます。

それでも、「Thunderbolt 3」に「USB 3.1」の通信を含ませることができるので、問題にはなりません。

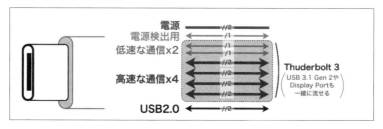

図8 「Thunderbolt 3」の配線

「USB TypeC」の「オルターネート・モード」でできること

8 これらの機能がすべての端末で対応するわけではない

以上、「USB TypeC」では、
・「USB 2.0」のほかに「USB 3.1」が使えること
・「USB PD」による「高速充電」に対応していること
・「オルターネート・モード」で「DispalayPort」と「Thunderbolt 3」に対応していること

をお話しました。

ですが、"「USB TypeC」に対応していても、これらの機能に対応しているとは限らない"ことに注意してください。

＊

これらの機能への対応は任意であり、中には「USB 2.0」しか使えない「スマホ」もあります(充電すら「USB PD」ではない)。

■ だいたいの見分け方

●USB 3.1

「USB 3.0」と書いてあることが多いです。

この場合、「5Gbps」の「USB3.1 Gen 1」に対応しています(両者は基本的に同じもの)。

「USB 3.1 Gen 2」と書いてあったら、「10Gbps」に対応しています。

また、「Thunderbolt 3」と書いてあったら「USB 3.1 Gen2」にもれなく対応します。

＊

これらの表記がない場合には、どんなに高い製品でも「USB 2.0」(480M = 0.48Gbps)である可能性を疑ってください。

●USB PD

「USB PD」とそのまま書いていることが多いです。

逆に「何V何A」としか書いていないものは、「USB PD」に対応しているよ

うに見せ掛けて対応していない可能性があるので、「USB PD」の表記を探したほうがいいです。

*

なお、「USB PD」に対応していたとしても、すべての「USB PD端末」と「USB PD充電器」で使えるわけではありません。

一部の端末では、「何V以下のACアダプタは受け付けない」よう設定されていることがあり、特に出力[W]が純正の順電気より低い場合には、充電を受け付けないことがあります。
対応表や購入者のレビューなどを参考にし、分からなければメーカーに問い合わせる必要があります。

●DisplayPort

パソコンやスマホの仕様に「USB TypeCポートからの映像出力に対応！」と書いてあったら、「DisplayPort」の「オルターネート・モード」に対応しているでしょう。
対応端末は、比較的多いです。

●Thunderbolt 3

対応端末はあまり多くありません。
対応していたら、「Thunderbolt 3」という表記そのものや、「稲妻マーク」があるはずです。

*

Macで言えば、「MacBook」(無印)は対応していません。
「MacBook Air/Pro」や、「デスクトップ」は対応しています。

一部、速度に制限があるもの(40Gbpsではなく20Gbpsまで)もあるので注意してください。

*

以上の機能を使うためには、「パソコン」と「周辺機器」、それらをつなぐ「ケーブル」の、3つすべてが対応している必要があります。

9 「USB TypeC」対応製品の選び方

■「USB TypeC」対応デバイスの選び方

「USB TypeC」に対応するデバイスは、急速に増えています。

*

一方で、「USB TypeC」端子であるからといって、なんでもできるかと言えば、そうではありません。

たとえば、純粋に電源端子として「USB TypeC」を採用している場合は、Thunderboltの「高速通信」はもちろん、DisplayPortの「映像出力」や、「USB 3.1」すら使えないものもあります。

*

「USB TypeC」がどんな機能をもっているか知るためには、少なくとも以下を確認しなければなりません。

・「USB PD」の「高速充電」に対応しているか
・「USB 3.1」の「高速通信」に対応しているか
・「映像出力」に対応しているか
・「Thunderbolt 3」に対応しているか

■「USB TypeCケーブル」の選び方

「USB TypeCケーブル」を選ぶ際には、**"値段で選ばないことが重要"** です。

「オルターネート・モード」を使うためには、ある程度良いケーブルを使わなくてはいけません。

というのも、「USB TypeC」のケーブルには、**一部の配線をつないでいない**ものが売られているからです。

*

「USB TypeC」のケーブルには、大きく分けて、

・「USB 2.0」しか使えないもの
・「フル機能」を使えるもの
・「高速通信」専用で「ノイズ除去」に対応したもの

の3種類のケーブルが売られています。

そして、すべてのケーブルは「60[W]」までの充電に対応しています。

■「USB 2.0」しか使えないケーブル

「USB 2.0」しか使えないケーブルは、「USB PD」の充電には使えますが、「USB 3.1」や「オルターネート・モード」は使えません。

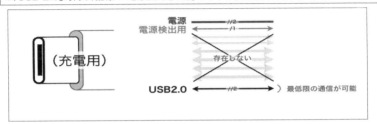

図9　充電用の「USB2.0」の配線

こういったケーブルは、「充電用」などと言って売られています。

*

実は、「MacBook」や「iPad Pro」に付属する充電ケーブルも、「USB 2.0の USB TypeCケーブル」です。

そのため、「ドッキング・ステーション」などにこのケーブルを使うと、接続を検出してしまいますが、遅くて使いものになりません。

■「USB TypeC」の電力について

「USB TypeCケーブル」では、**内部に専用のチップを埋め込まないと「3[A]」を超えて流してはならない**、と決められています。

「USB TypeC」の最大電圧は「20[V]」なので20×3で「60[W]」まで。
そのため、「3[A]」を超えて流せるケーブルは高価になります。

Apple純正品は、「60[W]」以上を必要としない「iPad Pro」のケーブルですら、きちんと「100[W]」に対応しているみたいです（2018年現在）。
執筆時点では、「Apple純正ケーブル」の購入をオススメします。

■「フル機能」を使えるケーブル

「フル機能」を使えるものは、とりあえず基本的に「USB TypeC」でできるすべての機能に対応しています。

図10　「フル機能」を使える「USB TypeC」

ただし、長さ「1m以上」のケーブルには注意点が1つあります。

それは、「Thunderbolt 3の超高速通信には非対応なこと」です。
「Thunderbolt 3」の場合、本来は最大「40Gbps」まで使えるのですが、長さが1m以上のものは「20Gbps」と、半分まで性能が落ちます。

■「高速通信」専用で「ノイズ除去」に対応したケーブル

そこで、「ノイズ」をケーブル自身で除去する能力を備えた長いケーブル、というのが売られています。
(「アクティブ・ケーブル」と言います)。
しかしながら、この類のケーブルは「USB 3.1」に対応していないため、実質、「Thunderbolt 3専用」となります。

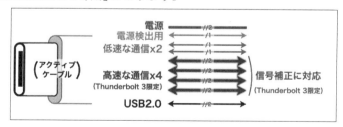

図11　「アクティブ・ケーブル」の配線

つまり、ケーブルを選ぶためには、上記の通信の中身のことを知った上で、使い分けることが重要になるのです。

10 「USB TypeC」デバイスの選び方

■「USB TypeC」の「ハブ」と「アダプタ」の選び方

後述する「ドッキング・ステーション」を除けば、ほとんどの製品は、

・USB 3.1（Gen 1）
・DisplayPort

の通信を利用するものばかりです。

そのため、両方に対応している端末だったら、基本的に全機能を利用できます。

＊

たまに、「USB PD専用」に「USB TypeC」の端子が付いている場合があります。

その場合は、そのポートは「充電専用」なので、数珠つなぎでアダプタを増やしたりすることはできません。

もっとたくさんつなぎたいという人には、「ドッキング・ステーション」がものすごくオススメです。

■「USB TypeC」の「ドッキング・ステーション」(USB-Cドック)の選び方

これぞ「USB TypeC」ならではといえる、素晴らしいアクセサリが「USB TypeC」の「ドッキング・ステーション」（以下「**USB-Cドック**」）です。

＊

「USB-Cドック」は、1本のUSBケーブルでPCに接続することで、「電源」「ディスプレイ出力」「Thunderbolt 3」や「USB」などの周辺機器を、すべてつないでしまうというものです。

＊

実際に筆者は使っていますが、これは本当に「革命」だなと思います。

「USB-Cドック」には、①「Thunderbolt 3」を利用できる「**Thunderbolt 3 ドック**」と、②「USB 3.1」と「DisplayPort」によって通信する「**USB 3.1ドック**」があります。

「USB TypeC」の「オルターネート・モード」でできること

■イヤホンジャック・アダプタ

「Google Pixel 3」をはじめ、「USB TypeC」を搭載する製品では、「イヤホン・ジャック」を搭載しないものが増えています。

そういった製品では、「イヤホンジャック・アダプタ」の購入が必要ですが、**必ず製品に対応しているかを確認してください。**
「USB TypeC」の「イヤホンジャック・アダプタ」には大きく分けて**2種類**の製品があるからです。

(a)「DAC」内蔵のアダプタ
「USB TypeC」の「イヤホンジャック・アダプタ」のうち、「**DAC**」を内蔵するものは、基本的にどんな端末でも使えるようです。

「DAC」とは「デジタル→アナログ変換器」のことで、端末からのデジタル信号を、「音声波形」に変換するものです。

1000円未満から売っていますが、音質のかなめになる部分なので、音は悪いようです。
そして残念なことに、今のところ、ちゃんとしたメーカーから出ている製品が見つかりません。

ならいっそのこと、「Bluetooth イヤホン」を買ってしまったほうが、「音」も「使い勝手」もいいのではないかと思います。

(b)「アナログ専用」のアダプタ
一方で、「DACを内蔵しないアダプタ」というのも売っています。
これは、「USB TypeC」の端子から「**アナログ音声波形を直接出力するモード専用**」のものです(図12)。

この場合、「音声」への変換を端末内で行なっているため、アダプタの品質は大して問題にならないと思われます。

ただし、このモードに対応している端末が、「HTC」や「Xperia」などに限ら

れているため、機種によっては使えない場合があります。

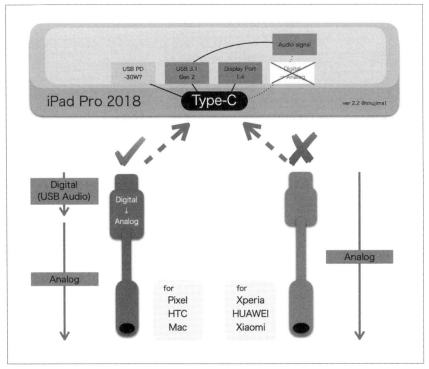

図12　イヤホンジャック・アダプタ（iPad Proの場合）

11 省いた説明

以上で、とりあえずの「USB TypeC」の機能の紹介は終わりです。

＊

ただし、簡単に書くために、厳密性を欠いている部分がいくらかあります。たとえば、

- 「V_CONN」の存在
- 「DisplayPort Alt Mode」では、4レーンを利用するより高画質の伝送も可能
- 「DisplayPort 1.2」で説明したが、「DisplayPort 1.4」に対応していれば、同じレーン数でもより高画質の伝送が可能
- 「HDMIオルターネート・モード」の存在
- 「MHLオルターネート・モード」の存在
- 「eMarked」なケーブルの話
- Audio Adapter Accessory Mode

などです。

「USB TypeC」をすべて語りつくすと、本当に複雑で、図12や図13のようにまとめても、複雑になってしまいます。

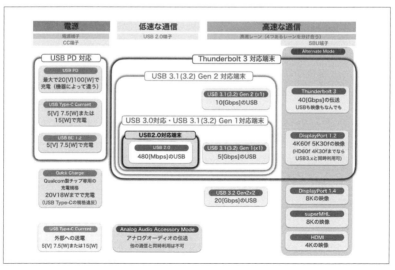

図13 「USB TypeC」に対応している規格(端末編)

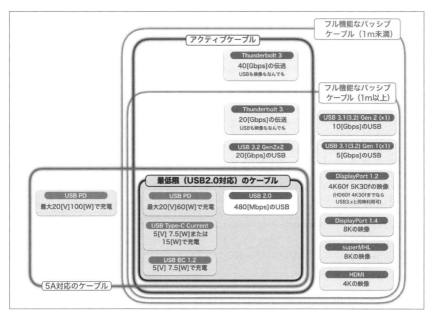

図14 「USB TypeC」に対応している規格(ケーブル・USB変換アダプタ)

「iPad Pro」(2018年型)の「USB TypeC」でできること

2018年10月、「iPad Pro 第3世代」が発売されました。

最大の特徴は、2012年から「iOSデバイス」を中心に採用し続けた「Lightning端子」を捨て、「Mac」などと同じ「USB TypeC」を採用したことです。

新しい「iPad Pro」の性能から、搭載する「USB TypeC」の性質や、使用上での注意点について考えていきます。

1 Appleと「USB TypeC」

最初に、Apple製品で「USB TypeC」端子がどのように活用されているかを振り返ってみましょう。

Apple関連で「USB TypeC」といえば、2015年以降の「MacBook」、2016年以降の「MacBook Pro」、2017年以降の「iMac」に採用されており、「Mac」においてすでに馴染みのあるものとなっています。

この「USB TypeC」ですが、**機種によって性能に差がある**のが特徴です。
その一覧を、**表1**に示します。

「iPad Pro」(2018年型)の「USB TypeC」でできること

表1 「USB TypeC」性能一覧

対応する機能	MacBook	MacBook Pro / Air	iMac Mac-mini	iMac Pro	iPad Pro
本体への給電	対応(～29W)	対応(～86W)	-	-	対応(～30W)
外部への給電	対応(15W)	対応(15W)	対応(15W)	対応(15W)	対応(7.5W)
USB通信	3.1 Gen 1 (5Gbps)	3.1 Gen 2 (10Gbps)	3.1 Gen 2 (10Gbps)	3.1 Gen 2 (10Gbps)	3.1 Gen 2 (10Gbps)
Thunderbolt 3	-	40Gbps	40Gbps	40Gbps	-
外部ディスプレイ	4K1台	5K2台 4K2台	5K1台 4K2台	5K2台 4K4台	5K1台

「MacBook」は、世界ではじめて「USB TypeC」を搭載したパソコンとして発表されました。

そのときには"充電も通信も映像も1本で"できるということが盛んに宣伝されたものです。

ところが、「iMac」の「USB TypeC」では「Mac」へ給電することができないほか、「Thunderbolt 3への対応」や「USBの速度」など、製品ごとにさまざまな違いがあります。

「USB TypeC」は非常に柔軟な規格であり、「USB TypeCだから○○ができる」とは言い切れないのです。

2 「USB TypeC」とは何者か

では、「USB TypeC」では、最低限、どんなことができて、どんなことに使えるのか。次の図1にまとめてみました。

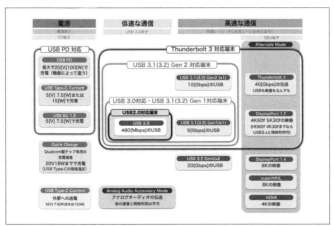

図1 「USB TypeC」に対応している規格(端末編)

ここで重要なのが、「USB TypeC搭載端末には、USB2.0にしか対応しないものがある」ということです。

つまり、「USB TypeCだからといって、最新の通信速度や外部ディスプレイ、高速充電に対応しているとは限らない」ということです。

いかに、「USB TypeC」では、中身を確認することが重要か、ということが分かっていただけたでしょうか。

3 「iPad」の公式スペック

2018年11月に発売した「iPad Pro」の「USB TypeC端子」は、どんな能力をもっているのでしょうか。

最も正確であろう、製品の技術仕様を見てみましょう。

充電と拡張性	USB-C

書いてあったのはこれだけです。
この記述だけでは何も分かりません。

「iPad Pro」に何がつながるか」はもちろん、「iPad Proの充電性能」すら分かりません。

*

別の項目を見ると、「映像出力」について言及していました。

TVとビデオ	Apple TV（第2世代以降）へのAirPlayミラーリング、写真、音声、ビデオ出力
	対応するビデオミラーリングとビデオ出力：USB-C Digital AV MultiportアダプタおよびUSB-C VGA Multiportアダプタ経由で最大4K（アダプタは別売り）
	対応するビデオフォーマット：H.264ビデオ：最大4K、毎秒30フレーム、ハイプロファイルレベル4.2（最大160KbpsのAAC-LCオーディオ）、48kHz、最大1,008Kbpsのステレオオーディオまたは Dolby Audio、48kHz、.m4v、.mp4、.movファイルフォーマットのステレオオーディオまたはマルチチャンネルオーディオ｜MPEG-4ビデオ：最大2.5Mbps、640 x 480ピクセル、毎秒30フレーム、シンプルプロファイル（1チャンネルあたり最大160KbpsのAAC-LCオーディオ）、48kHz、最大1,008Kbpsのステレオオーディオまたは Dolby Audio、48kHz、.m4v、.mp4、.movファイルフォーマットのステレオオーディオまたはマルチチャンネルオーディオ｜Motion JPEG (M-JPEG)：最大35Mbps、1,280 x 720ピクセル、毎秒30フレーム、ulawオーディオ、.aviファイルフォーマットのPCMステレオオーディオ

「iPad Pro」(2018年型)の「USB TypeC」でできること

「4K30fps」で「映像出力」ができるようです。

*

報道機関向けの資料にも、以下のような「USB TypeC」に関する言及がありました。

> 「Lightningコネクタ」に代わる新しい「USB TypeCコネクタ」が、「iPad Pro」のパワフルな使われ方をサポートします。
>
> 驚くほど万能な「USB TypeC」は、充電に使うことができるうえ、「USB 3.1 Gen 2」に対応するので「高帯域幅」でのデータ転送が可能。
> 「カメラ」や「楽器」との間の転送速度は"最大2倍"になり、最大「5K」の「外付けディスプレイ」を接続できます。
>
> 「USB TypeC」により、「iPad Pro」で「iPhone」を充電することもできます。

こちらの資料では、「5K」の映像に対応するとのことであり、技術仕様の情報と矛盾します。

どうやら、技術仕様の「4K30fps」はApple純正の「USB-C Digital AV Multiportアダプタ」の制約であり、より高性能な「アダプタ」や「USB TypeC」を直結できる「ディスプレイ」などを接続することで、「4K60fps」や「5K」の解像度を利用できるようです。

*

これらから使える機能を推測すると、次のような図2になりました。

「iPad Pro」(2018年型)の「USB TypeC」でできること

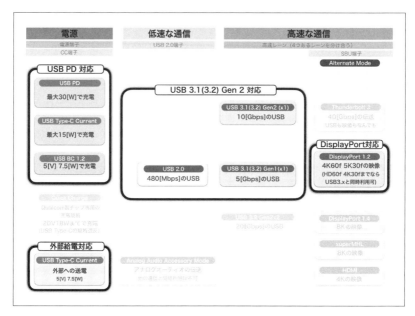

図2　「iPad Pro」の「USB TypeC」が対応する規格

太線で囲っている部分が、対応していることがほぼ確定的な範囲です。

【iPad Pro 2018が対応している】

- USB3.1 Gen 2
  最大「10Gbps」の「USB SuperSpeedPlus通信」
  USB2.0なども含むより低速なUSB通信
  DAC搭載のアダプタを介してイヤホン・オーディオを接続

- DisplayPort 1.2
  「5K」までの「USB TypeC」を備える市販のディスプレイに接続可能
  (「LG製UltraFine 5Kディスプレイ」など、「Thunderbolt」接続のディスプレイは不可)
  Apple純正のアダプタを介して、「HDMI」経由の「4K30fps」を伝送可能
  Apple純正のアダプタを介して「VGA」経由の「4K30fps」を伝送可能
  市販の「USB TypeC」アダプタを介して「4K60fps」「5K30fps」が伝送可能

「iPad Pro」(2018年型)の「USB TypeC」でできること

- USB PD
 付属の「18Wアダプタ」から、「9V2A」を受電して充電
 「USB PD」規格に沿って作られた市販のアダプタから、「最大30W」を受電して充電

- 外部給電
 接続された「USB TypeC機器」を「7.5W」(5V1.5A)で充電

【iPad Pro 2018が対応していない】

- Thunderbolt 3
 「LG製UltraFine 5Kディスプレイ」の使用
 「20Gbps」以上の高速通信

- HDMI
 「DisplayPort HDMIコンバータ」を搭載しないタイプのアダプタの使用
 (MacBook向け含む、多くの市販の「アダプタ」は「コンバータ」付きなので使える)

- Analog Audio アダプタ
 「DAC」を内蔵しない、一部の「「USB TypeC」- イヤホンジャック変換アダプタ」の使用

4 「iPad Pro」に合う周辺機器(USB関係・ドック)

新しい「iPad Pro」は、「USB 3.1 Gen 2」対応と明記されました。

これは、「USB」の普及しているバージョンとしては最も高速な規格で、「10Gbps」の通信に対応します。

> ※「USB 3.2」は策定ずみだが、まだ対応製品が出ていない。

できることは、一般的な「USB」の"上位互換"であり、規格上は「USBハブ」などを利用して、「USBデバイス」ならなんでも接続できます。
ただし、「iOS 12」の制限の関係で、「マウス」をはじめとする使えない機器があります。

使える機器

- USBハブ
- USB-Ethernet(有線LAN)アダプタ
- USB-カードリーダー(デジタルカメラ向けデータのみ読み込み可)
- USBキーボード
- USBオーディオ(スピーカー、マイク)

使えない機器

- USBマウス
- カメラ系のデータを除くストレージ類
- プリンタ(無線経由でのAirPrintのみ対応)
- ドライバが必要な機器

ただし、この状況は今後の「OSアップデート」で変わる可能性があります。

5 「USB TypeC」ドック

「USB TypeC」ドックは既にMacで愛用していますが、**「充電・USB・映像・音声」**を1本のケーブルで同時に接続できるようにするものです。

「USB TypeC」ならでは、といってもいいでしょう。

「小型」のものから、「多機能」なものまで、さまざまあります。

*

「iOS」が「ドック」に対応するのか、という懸念を抱くかもしれませんが、「ドック」は所詮「アダプタ」の集合体なので、全機能が使えなくとも多くの機能は使えると思います。

「USB TypeCドック」は、本当にいろんな製品が売られているので、よく調べたうえで選ぶといいでしょう。

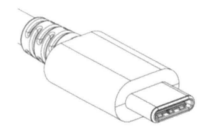

6　「HDMI」の注意点

「USB TypeC」は規格上、「HDMI」の信号を流すことができます。

しかしながら、「iPad」や「Mac」のをはじめ、2018年時に販売されている多くの「TypeC」製品では、「HDMI」の信号を流すことができません。

「HDMI変換アダプタ」では、「USB TypeC」内に「DisplayPort」の信号を通して、アダプタ内で「HDMI」に変換して対応しています(図3)。

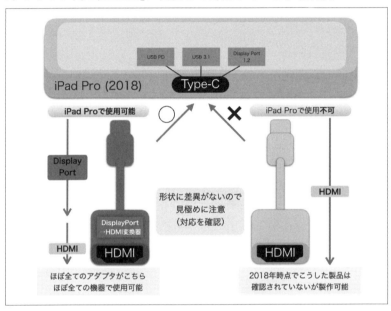

図3　「HDMI変換アダプタ」の仕組み

もし、端末から「HDMI」の信号で直接やり取りするアダプタがあった場合、それは「iPad」や「Mac」で使えない恐れがあります。

2018年時には、こうしたアダプタ販売は確認されていませんが、他社の端末の対応次第で増える可能性があります。

そのため、「HDMIアダプタ」は「MacBook/iPad Pro対応」などの表記を確認したほうがいいでしょう。

7 「iPad Pro」に合う周辺機器（イヤホン）

「iPad Pro」では、「3.5mmイヤホンジャック」が搭載されなくなりました。

これまでの「iPad」に搭載されていた「Lightning端子」は「アナログ音声」を出力できないため、「iPhone 7/8/X」に同梱された「Lightning-イヤホンジャックアダプタ」は、「iPhone」から「アダプタ」までデジタルで通信し、アダプタ内で「アナログ音声」に変換しています。

これに対して「USB TypeC」は、規格上、「アナログ音声」の出力に対応しており、「デバイス」本体から直接アナログで出力されるように実装できます。

「Android」系のスマートフォンではイヤホンジャックを搭載せず、「USB TypeC」経由で音声出力を行なうものが増えていますが、音声出力の方法は機種によって、

・端末からの「アナログ音声出力」対応
・アダプタ内での「アナログ音声」への「変換」に対応

の2種類があります。

また、それぞれのスマートフォンに合わせた「USB TypeCイヤホンジャックアダプタ」が販売されています。

＊

そして、今回の「iPad Pro」は、アダプタ内でのアナログ音声への変換にのみ対応しています。

つまり、「iPad Pro」は「**DAC内蔵のイヤホンジャック・アダプタしか利用できない**」ということになります（図4）。

「iPad Pro」(2018年型)の「USB TypeC」でできること

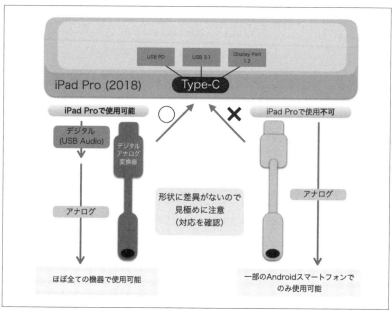

図4 「iPad Pro」の音声出力仕様

8 「iPad Pro」に合う周辺機器(充電器)

　「USB TypeC」に変わることで、もっとも多くの人が受ける恩恵が「充電」です。

　「MacBook Pro」の充電を「USB TypeC」で行なっているように、「USB TypeC」はこれまでにない"高速大電力の給電"に対応する端子です。

*

　また、標準の付属充電器が、今までの「12W」から「USB PD規格」に対応した「18W」になりました。

　実は、今までの「iPad Pro」でも「USB TypeC充電器」とApple純正の「USB TypeC-Lightningケーブル」を用いることで、「最大30W」の給電が可能でした。

　「iPad Pro 2018」でも、この性能を踏襲しており、最大の充電性能は変わりません。

しかし、2018年の「iPad Pro」では標準的な「USB TypeC充電ケーブル」を使えるため、付属のケーブルをそのまま使えます。

■ 充電器（ACアダプタ）

付属の「18W充電器」以外にも、より高速な充電ができる充電器が使えるでしょう。

基本的には、「USB PD対応」であればどんな「ACアダプタ」でも使えるはずです。

しかし、「USB TypeC」の規格に一部適合しないアダプタ（Nintendo Switch用USB TypeC電源アダプタなど）、ワット数が小さすぎるアダプタは使えない可能性もあるので、レビューなどをよく見るべきです。

ちなみに、「30W」を超えていても「30W」の性能で使えます。

たとえば、「MacBook Pro」用の「60W充電器」なども使用可能です。

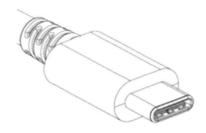

9 iPad Proに合う周辺機器(ケーブル)

「USB TypeC」は、ケーブルにもいろいろな種類があります(図5参照)。

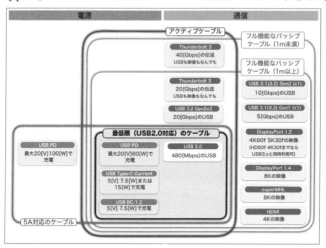

図5 「USB TypeC」関連の規格一覧(ケーブル・USB変換アダプタ)

多くの人は、「充電」のためにケーブルを購入すると思います。

■ 充電用ケーブル

Apple純正のケーブルは「5A」に対応しており、**図6**の「**5A対応**」の枠線内の規格に対応しています。

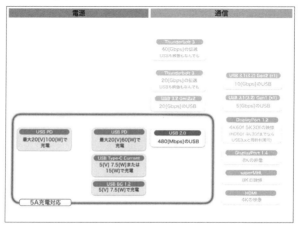

図6 「USB TypeC」関連の規格一覧(ケーブル・USB変換アダプタ)

ただし、「iPad」は「最大30W」までの充電にしか対応しておらず、どう頑張っても「3［A］」以下しか流れません。

図6で「TypeC⇔TypeC最低限」で示した領域に対応した、より安価なケーブルでも規格上は性能が変わりません。

＊

また、「USB TypeCケーブル」は2018年時には、さまざまな価格帯のものがあり、100均でも販売されています。

これらのケーブルの中には、「USB TypeC」の規格に準拠していない設計のものも多いようです。

ただし、昨今の大電流を流す充電ケーブルは、「品質問題」による「火災」の恐れを考え、純正品や規格に高い精度で則っている製品を使うべきでしょう。

Amazonなどでも、「Androidデバイス」向けのケーブルが多く売られています。

2018年時、「Lightning端子」の頃と異なり、「Made for iPad」などAppleが製品を認定する仕組みは用意されていないため、問題なく使えるはずです。

■ 同期（通信）ケーブル

基本的にすべての「USB TypeCケーブル」は、「USB 2.0」（480Mbps）での低速な通信ができます。

おそらく、同梱の「USB TypeC充電ケーブル」も、低速な通信は可能です。

しかしながら、**この充電ケーブルは、「映像の再生」や「高速なデータ伝送」には対応していない**ため、そういった用途には別途購入する必要があります。

先ほどの図で示したように、「**Full-Featured**」（USB規格内での名称）なケーブルを買うことをお勧めします。

安価なケーブルもありますが、性能を偽った怪しいケーブルも多数あるため、こちらも選ぶ際は、レビューなどをよく見たほうがいいでしょう。

かといって、高すぎるケーブルも考えものです。

高価な代わりに高速通信に特化した「Active」なケーブルは、「iPad Pro」で使えません。

＊

　また、「USB TypeC」の高速なケーブル全般に言えることですが、内蔵する「電線」が細いため、一般的な充電ケーブルよりも扱いに注意が必要です。

　ロープのように束ねるのではなく、ループさせるようにして収納するなど、丁寧に扱いましょう。

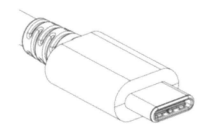

「USB TypeCドック」の選び方

2018年時に販売されているほとんどの「MacBookシリーズ」は、普通の「USB端子」がありません。
代わりにあるのは、「USB TypeC」だけです。

図1　著者の購入した「MacBook Pro」

1　周辺機器を揃える前に

通常の「USB TypeA」や「HDMI」の機器などを接続するためには、「アダプタ」や「変換ケーブル」が必要になります。

レガシーな端子の周辺機器が多い現状、「USB TypeC」のデバイスを使う上で、「アダプタ」や「変換ケーブル」の使用は避けられません。

複数の「アダプタ」をまとめた「多機能アダプタ」と呼ばれるような製品も売られていますが、デバイスの周囲に多くのケーブルや周辺機器が配置されて

しまうことに変わりはありません（図2）。

せっかく「USB-TypeC」にまとめたのに、これでは台無しです。

図2　配線まみれになったパソコン周り

　PCの周囲に周辺機器を配置しないためには、「USB TypeC」接続の「ドッキングステーション」を利用する必要があります。

＊

　「ドッキングステーション」（以下、「ドック」）は、より大型の「アダプタ」で、PCから離した位置にさまざまな周辺機器をまとめて接続することができる製品です。

　「USB TypeC」の「ドック」は「USB TypeC」の多機能さをフル活用し、「高速充電」「高速通信」「映像出力」を1本のケーブルで接続することができます。

　ただし、複雑な「USB TypeC」の規格により、「ドック」も多くの製品があり、混迷を極めています。

　そこで本節では、「USB TypeC」接続の「ドック」を選ぶときに注目すべき点、注意すべき点を考えていきます。

2 「USB TypeC ドック」には2種類ある

「Amazon」で「USB TypeCドック」などと検索すると、「ドック」がたくさん出てきます。

それらの「ドック」は見た目もさまざまですが、使われている「USB TypeC」の通信の種類で、以下の2通りに分けることができます。

①その通信に「Thunderbolt 3」を使うもの(Thunderbolt 3 ドック)
②「USB 3.1+DisplayPort」を使うもの(USB3.1 ドック)

■ 両者の違い

「USB TypeC端子」には、「USB3.1規格」の通信のほかに、より高速な「Thunderbolt 3規格」の通信に対応しているものがあります。

「Thunderbolt 3」の性能のほうが高いため、「40 Gbps」と非常に高速な通信が可能です。
さらに、「5K」の映像にも対応しています。

その代わり、「Thunderbolt 3」は対応してるパソコンが少ない(MacBook Pro、Air、一部のハイエンドPC)という弱点があります。

＊

一方で、「USB 3.1」は「USB TypeC」であれば、ほとんどのパソコンで使えます。
その代わり、通信速度は「5 Gbps」と、「Thunderbolt 3」より遅くなっています。

「USB 3.1」には、「Gen 1」(5 Gbps)と「Gen 2」(10 Gbps)という2種類の通信速度が用意されています。

しかし、「Thunderbolt 3」に対応しないドックの場合、「Gen 1」(5Gbps)のみに対応したものしか確認できませんでした。

その代わり、「USB-TypeC」は2つの信号を同時に流せることを利用して、映像用に「DisplayPort」、その他に「USB 3.1」と分担することができます。

そうすることで、「4K 30fps」または「FullHD 60fps」の映像と、"高速なUSB通信"を両立しています。

よって、「USB 3.1」のドックにディスプレイをつなぐためには、「DisplayPort」に対応している必要があります

「USB-TypeC」からの映像出力に対応したパソコンなら、"99.9%"対応しています。

*

次に、「Thunderbolt 3ドック」と「USB 3.1ドック」の違いをまとめてみました(表1)。

表1　「Thunderbolt 3ドック」と「USB 3.1ドック」の違い

	Thunderbolt 3ドック		USB 3.1ドック
通信方法	Thunderbolt 3		USB 3.1 + DisplayPort 1.2
性能	10Gbpsの「USB 3.1」 映像は「5K 60fps」「4K 60fps」×2まで 40GbpsのThunderbolt 3	＞	5Gbpsの「USB 3.1」 映像は「4K 30fps」「FullHD 60fps」×2まで (Macでは1台まで)
対応PC (Apple)	MacBook Air / Pro iMac / Mac mini		すべての「Mac」 「iPad Pro」(2018〜)
対応PC (その他)	・「Thunderbolt 3」に対応するPC	＜	・「USB 3.1」「DisplayPort」に対応するPC ・「Thunderbolt 3」に対応するPC ・一部の「Android スマートフォン」

「iPad Pro」を含む「タブレット」や「スマートフォン」では、すべての機能を使えない可能性があります

*

それでは、「通信速度」以外の違いに着目するために、個々の製品を見ていきます。

3 ラインナップの調査

■ Thunderbolt 3(TB3)ドックの例

最高40Gbpsで通信が可能な、高性能の通信方式を採用した「ドック」です。

ただし、使えるパソコンは限られます。
(Macでは「MacBook Pro/Air」は使えますが、「無印」は使えません)。

値段は高くなってしまいますが、昨今のドックブームに呼応してか、複数メーカーから出ています。

　　　　　　　　　　　　　＊

そんな各メーカーの「Thunderbolt 3ドック」の性能を比較していきましょう。

まずは、今回取り上げる製品一覧です(表2)。
(比較表は後半にあります)

表2 「Thunderbolt 3ドック」製品一覧

Belkin「F4U095JA-A」	StarTech「TB3DK2DPPD」	KENSINGTON「K38300JP」	CalDigit「TS3 Plus」
OWC「OWCTB3DK14PSG」	MicroSolution「TB3DS1230-MSJ」	PROMISE「DOCK1TB3US」	Plugable「TBT3-UDV」

■「USB 3.1ドック」(USB TypeC ドック)の例

「Thunderbolt 3」と比べて、より一般的な「USB 3.1通信」を使っています。

また、映像の通信には「DisplayPort」という通信を利用しています。
(「USB TypeC」は、複数の通信を同時に流すことができます)。
端子形状は同じですが、通信方式が大きく異なります。

*

こちらも7種類取り上げます(表3)。
(細部の違いの解説はそのあと)

表3 「USB 3.1ドック」製品一覧

Belkin 「F4U093JA-A」	StarTech 「MST30C2DPPD」	CalDigit 「USB-C-Dock-JP」	CalDigit 「TCDCOK11PSG」
ARCHISS 「AS-DCS01」	Kensington 「SD4600」	LENTION 「CB-TP-C83HTVD-BLK-JP」[※]	

※この製品単体では充電機能がないため、パソコンの充電器を使うか「USB PD」対応の充電器を買う必要があります。

4 ドックの性能一覧

■ Thunderbolt 3(TB3)ドックの例

「Belkin」「StarTech」「CalDigit」「OWC」など通信方式の異なる2種類以上の製品を出しています。

「ドック」に力を入れている会社であることが分かりますね。

また、「Thunderbolt 3」に対応していないドックは、Amazonの商品名などで「USB TypeC Dock」などと書かれています。

「Thunderbolt 3 も USB TypeC端子じゃねーか」とつっこみたくなりますし、ややこしいので、本書では「USB3.1ドック」と呼称します。

＊

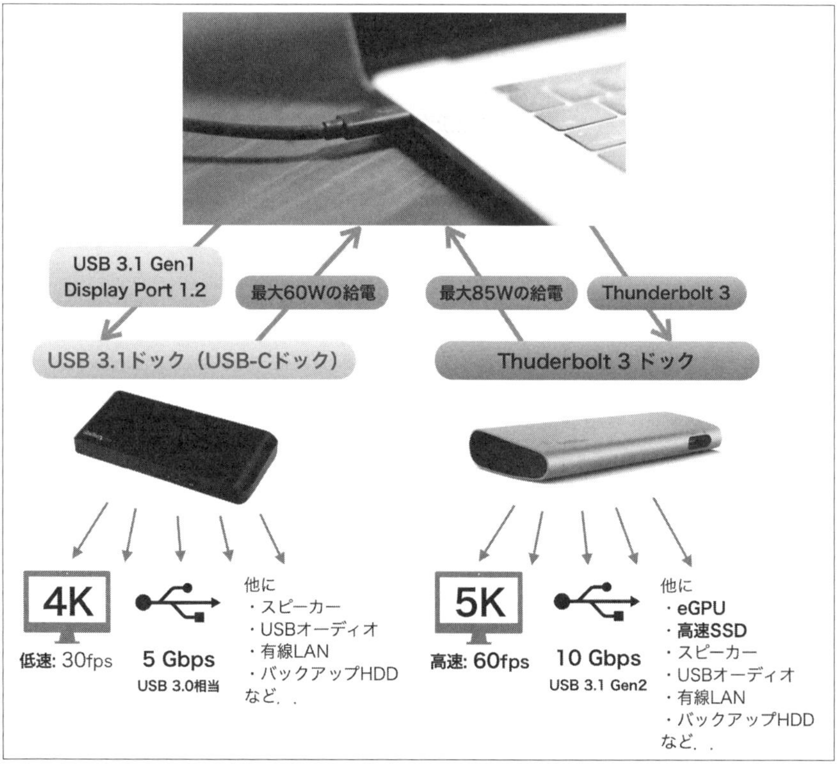

図3 「Thunderbolt 3ドック」と「USB 3.1ドック」の違い

「USB TypeCドック」の選び方

さて、そんな両者の違いや共通点をまとめると、下記のようになります(表4)。

表4 「Thunderbolt 3」と「USB 3.1」の違いと共通点

接続の種類	メーカー	充電 W	映像 解像度 1台	映像 解像度 2台	映像端子 DP	映像端子 HDMI	通信 TBolt 3	通信 USB-C	通信 USB-A	通信 有線LAN	音 3.5mm	その他
Thunderbolt 3	Belkin	85W	5K 60fps	4K 60fps	◯	—	◯	◯	3	◯	2	
	StarTech	85W	5K 60fps	4K 60fps	◯	—	◯	2	2	◯	2	
	Kensington	85W	5K 60fps	4K 60fps	◯	—	◯	2	2	◯	2	
	CalDigit	85W	5K 60fps	4K 60fps	◯	—	◯	3	3	◯	2	SD, SPDIF
	OWC	85W	5K 60fps	4K 60fps	mini	—	◯	2	5	◯	◯	SDx2, SPDIF
	Micro Solutions	60W	4K 60fps	4K 60fps	—	◯	◯	◯	5	◯	◯	SD
	Promise	60W	5K 60fps	4K 60fps	◯	◯	◯	◯	5	◯	◯	SD
	Plugable	60W	4K 60fps	4K 60fps	◯	◯	◯	◯	5	◯	◯	
USB 3.1 + Display Port	Belkin	60W	4K 30fps	FullHD 60fps	—	◯	—	◯	3	◯	2	
	StarTech	60W	4K 60fps	FullHD 60fps	◯	◯	—	◯	3	◯	2	
	Kensington	60W	4K 60fps	FullHD 60fps	◯	◯	—	◯	3	◯	2	
	CalDigit	60W	4K 60fps	FullHD 60fps	◯	◯	—	◯	3	◯	2	
	OWC	60W	不明	—	—	◯	—	◯	4	◯	◯	SD
	ARCHISS	60W?	4K 60fps	—	—	◯	—	—	4	◯	◯	
	LENTION	接続可	不明	FullHD 60fps	◯	◯	—	◯	2	—	—	VGA

●Thunderbolt3系
・「5K」の接続が可能なものがある
・「4K60Hz」のディスプレイを2台接続可能
・「USB PD」(PCの充電)に「85W」まで対応しているものがある
・「USB3.1」より高価

●USB 3.1 (USB TypeC)系
・「4K30Hz」を1台または「Full HD60Hz」を2台(Macでは1台)
・「Thunderbolt 3」より安価
・「USB PD」(PCの充電)は最大で「60W」まで
・携帯型や画面裏に付くものなど、個性的な製品がある

●共通
・ほとんど「4K」に対応している(ただし「60Hz」とは限らない)
・「Full HD」は「60Hz」に対応している
・「USB 3.1 (USB-A)ポート」複数
・Gigabit Ethernetポート
・オーディオポート
・「USB TypeC」または「Thunderbolt」の外部ポート

●各製品ごとの差
・「USB PD」のワット数
・「DisplayPort」か「HDMI」か「両方」か
・「SDカードスロット」や「eSATA」などの端子

　この中で注目する必要があるのは、「ディスプレイ解像度」と「USB PDのワット数」です。

5 「ドック」を選ぶ上での注意点 -映像出力性能に注目する-

「4Kディスプレイをもっている方は、その性能をフルに活かす(60Hz)ため、必然的に「Thunderbolt 3」系のドックが必要です。

逆に、「4K」を使わない方であれば、「Thunderbolt 3」にこだわる理由は、ほぼありません。

あるとすれば、「SSD」や「eGPU」などの「外付けThunderboltデバイス」を使いたい方です。

> **Column** Mac限定：「USB3.1ドック」では、ディスプレイ1台しかつなげない
>
> 「Mac」は、外部に複数台のディスプレイを接続する場合に制限があります。
>
> 「Thunderbolt 3ドック」ではなく、「USB 3.1ドック」(DisplayPort利用)の場合、AMD製の「GPU」を利用しないと、2台以上のディスプレイに違う映像を送れないようです。
>
> よって、「Mac」で複数台の外部ディスプレイを必要とするときは、原則、「Thunderbolt 3ドック」が必要です。

■「ノートPC」への「給電性能」に注目する

先ほど挙げた多くの「ドック」では、「USB PD」を使って、パソコンに「給電」することができます。

「60W」(20V × 3A)または「85W」(20V × 4.25A)の給電に対応しているものが多いようです。

しかし、先ほど挙げたものでは、「USB 3.1ドック」製品の「USB PD」による給電は、最大「60W」のものしかありません。

もし、「85W」の「給電電力」が欲しい場合には、**必然的に「Thunderbolt 3ドック」が必要**です。

「MacBook Air」や「Pro」の13インチなど、一般的なノートPCの場合は、「60W」の給電で充分です。

そのため、「60W」でも充分な充電が可能です。

＊

一方で、「MacBook Pro 15インチ」のようなハイエンドな「ノートPC」の場合は、「85W」の給電があったほうがいいです（充電はされますが、スピードが遅くなります）。

これらを考慮した上で、みなさんが自分の用途に合っていると思うドックを選ぶのがいいでしょう。

6　ケーブルも忘れずに買おう

「ドック」を買う上で忘れてはいけないのが、長い「ケーブル」です。

多くの「ドック」には「ケーブル」が付属しますが、長さが**わずか10cm**から**長くて50cm程度**しかありません。

これでは、せっかくケーブル1本にまとめたのに、ごちゃごちゃしたドックを机の上に置かなくてはいけません。

そこで、「USB TypeCドック」を利用する場合には**"長い"「ケーブル」**を一緒に買うことをオススメします。

ケーブルを買う際は、以下のことに注意してください。
購入する「ドック」の種類によって、最適なケーブルが変わります。

USB 3.1ドックの場合
- 「5Gbps」またはそれ以上の表記を確認
- 「60W」またはそれ以上の表記を確認
- 「Active Cable」は買ってはいけない

Thunderbolt 3ドックの場合
- 通信速度(bps)を確認
- 「60W」またはそれ以上の表記を確認
- 「Active Cable」が良い

「Thunderbolt 3ドック」を接続する場合、40Gbpsの高速通信を行なうためには「USB TypeCケーブル」の長さが"1m未満"であるか、信号強度の増大に対応した「Active Cable」が必要です。

そうでないケーブルの場合は、通信速度が20Gbps以下に制限されてしまうため、「Thunderbolt 3ドック」をフル活用するためには「Active Cable」が必要です。

「USB 3.1ドック」では逆で、「Active Cable」は使えません。
「USB 3.1」が「Active Cable」に対応していないためで、高速な通信や映像の出力が一切できなくなります。

このように、「USB TypeCドック」を使う上では、個々に合わせたケーブル選びが重要になります。

7 商品説明の表記に注意

「USB TypeCドック」について調べる中で、不自然な説明の製品をいくつか見かけました。

具体的には、以下のようなものです。

・「Thunderbolt 3」非対応なのに、「5K60fps」出力対応を謳っている
・「20V DC電源アダプタ付き」など、「付属ACアダプタ」の出力を謳っている

こうした製品については、"誇大表記"の可能性があります。

*

まず、「Thunderbolt 3」に対応していないドックの場合、「5K60fps」の画面出力は基本的にできません。

理由は、販売されている多くのデバイスが「DisplayPort 1.4」に対応していないためです(2018年時点)。

2018年時に普及している多くのデバイスでは、「USB TypeC」を通した「DisplayPort」のバージョンは「1.2」となっています。

このバージョンでできる映像出力は、「Full HD 60fps」または「4K30fps」ま

「USB TypeCドック」の選び方

でであり、それ以上の出力はできません。

＊

そして次に、「20V DC電源アダプタ付き」という表記。

この「電源アダプタ」の性能は「USB TypeCドック」を動作させるために必要なものであり、決して「USB PD」を利用したPCの充電性能と同じものではありません。

「USB TypeCドック」を利用してPCの充電を行なうためには、「ドック」にそれ以上の給電がされている必要があります。

たとえば、「60W」（20V×3A）をPCに供給可能な「ドック」の場合、「100W」（20V×5A）の「ACアダプタ」を搭載しているものがあります。

こうした製品の場合、「USB PDを利用した60Wの給電が可能」などと商品説明に表記すべきです。

しかし、現実には「USB PD対応、100W充電器搭載」などの誤解を生む表記が多数見受けられます（図4）。

中には、「USB PD」の給電に非対応な製品でも、「電源アダプタ」の性能を謳っているものもありました。

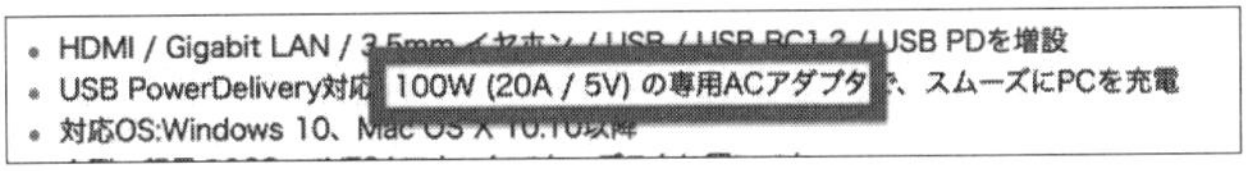

- HDMI / Gigabit LAN / 3.5mm イヤホン / USB / USB RC1.3 / USB PDを増設
- USB PowerDelivery対応 **100W (20A / 5V) の専用ACアダプタ**、スムーズにPCを充電
- 対応OS:Windows 10、Mac OS X 10.10以降

図4　注意すべきワット数表記

製品一覧URLリスト

https://www.belkin.com/jp/p/P-F4U095/
https://www.startech.com/jp/Cards-Adapters/Laptop-docking-stations/thunderbolt-3-docking-station~TB3DK2DPPD
http://www.caldigit.com/thunderbolt-3-dock/thunderbolt-station-3-plus/index-jp.asp
https://www.links.co.jp/item/thunderbolt-3-dock/
http://www.micro-solution.com/pd/tb3/tb3ds1230.html
https://estore.promise.com/us/product/tb3-dock-td-300
https://plugable.com/ja/products/tbt3-udv/
https://www.belkin.com/jp/p/P-F4U093/
https://www.startech.com/jp/Cards-Adapters/Laptop-docking-stations/usb-c-laptop-dock~MST30C2DPPD
http://caldigit.com/usb-3-1-usb-c-dock/index-jp.asp
http://www.archisite.co.jp/products/archiss/vesa-mount-type-c-dock/
一部、Amazonより転載

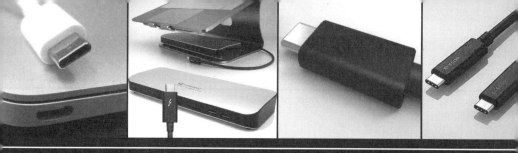

Ankerの「USB 7in1プレミアムハブ」「USB PD」の性能検証

Ankerから、「HDMI」や「充電用USB TypeC端子」を備えた、高機能なハブ、「USB 7in1 プレミアムハブ」が発売されました（2019年1月）。

この手の製品は、無名メーカーからはたくさん出ていたのですが、Ankerからはあまり出ていませんでした。

この製品には"データ通信用"の「USB TypeC端子」が搭載されています。

＊

さっそく買って、「USB PDアナライザ」による性能チェックをしてみました。

図1　USB 7in1 プレミアムハブ

1　「USB TypeCハブ」の発熱問題

本製品、待ち望んでいたものではありましたが、私が「MacBook Pro」を購入したのは2018年2月。

約1年の間、別のアダプタを使っていました。

＊

私自身、「USB TypeCハブ」全体があまりオススメしづらいなと思っています。

その理由は、製品の内部の品質に不安があるからです。

現在、Amazonで販売されている5000円以下のアダプタの多くは、中国設計、中国製造のものばかりです。

「中国が悪い」とわけではありませんが、どの製品にも使われている中国メーカー製の部品が粗悪すぎて発熱する、という問題があります。

アダプタを、ただ**パソコンに挿しておくだけで**、**温度が50℃以上になります**。

継続した使用に不安があるほか、パソコンを巻き込んで壊れたりしたら、たまったものではありません。

＊

そんな理由で、早いところ良い製品に切り替えたいと思っていました。

「Anker」は、「USB TypeC」製品の品質に定評がある、ほぼ唯一のメーカーなので、今回、期待を込めて買ってみました。

2 製品概要

この製品は、
- USB TypeA ×2
- USB TypeC ×2
- HDMI
- SDカード、Micro SDカードリーダー

を搭載しています。

「USB TypeC」が2つも付いているのがポイントです。

2つの端子は、「充電用」と「データ用」に分かれているようです。

3 仕様

以下、説明書より。

- USB データ通信速度 5 Gbps
- SD データ通信速度 104 MB/s
- サイズ 330×55×16 mm
- 重さ 140g

その他実測

- ケーブル柔軟部 172 mm
- 本体からケーブル先端まで 215 mm

「USB PD」の性能

「USB PD アナライザ」の「Kotomi」を使って、「PD」の通信内容を計測してみました。

図2 「Kotomi」を使った通信内容計測

計測した結果は、図3のようになりました（画面は「60W充電器」を接続したとき）。

図3 「Kotomi」による計測結果

「電源」が、PCに供給できる「電圧」「電流」を複数種類申告し、PCがその中

Ankerの「USB 7in1プレミアムハブ」「USB PD」の性能検証

から選ぶことによって、電源供給を開始します。

接続した「電源」は、次の2つです。
この2つを「MacBook Pro Mid 2017 15インチ」に接続したときの反応を試します。

【MacBook Pro 15インチ付属 87W充電器】

［本来供給できる電力］
　5V 2.4A（12W）
　9V 3.0A（27W）
　20V 4.3A（86W）

［ANKERハブを挟んだあと］
　5V 0.5A（2.5W）
　9V 0.78A（7W）
　20V 3.3A（66W）

【StarTech USB TYPEC ドック】

　この電源は、「アダプタ」であると同時に、「60W」の「充電器」を搭載しています。

［本来供給できる電力］
　5V 3.0A（15W）
　12V 3.0A（36W）
　20V 3.0A（60W）

［ANKERハブを挟んだあと］
　5V 0.5A（2.5W）
　12V 1.33A（16W）
　20V 2.0A（40W）

■ 実験結果のまとめ

「20W」も減っています。

あらためて説明書を見てみると、以下の説明がありました。

> 「100W出力のPD（Power Delivery）対応充電器をお使いください。
> ノートPCの充電へは77Wの出力、ハブ本体へは23Wの出力が必要となります。」

とはいえ、「20W」も引かれるとなると、本来使える充電器が使えなくなるといったことも起きそうです。

また、「iPad」の場合、標準の充電器（18W）では、接続されても認識できないと思われます。

5 データ用USB TypeC端子の性能

説明書によると、「USB TypeC端子」は「5Gbps」の通信をサポートしている、とのことでした。

実際に、いくつかつないでみたところ、以下のようなことが分かりました。

・「USB TypeCハブ」を"数珠つなぎ"してもOK
・「HDMI変換アダプタ」は使えない（Alternate Mode非対応）
・電源は認識しない

純粋に「データ用」ということで、一部のハブを数珠つなぎしたり、「HDD」とか「メモリ」類、「Ethernet変換アダプタ」とかに使えるでしょう。

「USB TypeC」の認証と解説

[アリオン(株)]

　「USB」(Universal Serial Bus)は数ある規格の中でも最も普及した「汎用インターフェイス」として、「IT製品」や「家電製品」など今や到るところで目にするようになりました。
　　　　　　　　　　　＊
　「USB」がこれほど広まった背景としては、製品に規格を採用する際の「認証試験」が必須ではなかった点が考えられます。

　一般的に、「規格」を管理する技術団体はインターフェイスの互換性を担保するため、規格に準拠しているかを確認する「認証試験」を義務付けているケースがあります。
　それに対して「USB-IF」は、仕様書を一般公開することで誰でも使える形にしました。

　しっかりと認証を得ている製品同士であれば「互換性問題」が発生するリスクを最小限に抑えることができます。
　そのため、「USB認証機関」であるアリオン㈱では製品開発メーカーに対して認証取得を推奨しています。
　　　　　　　　　　　＊
　以降の章では、「USB TypeC」に関連する認証のポイントや関連性の高い技術について紹介しています。

「USB TypeC」機器の認証の第一歩
「Type-C Functional Test」の「TD 4.1.1」について

近年、「スマートフォン」など「USB TypeCコネクタ」を搭載した機器が普及しています。

今回は、「Type-C Functional Test」の最初の試験項目である、「TD 4.1.1 Initial Voltage Test」のある「Fail事例」について、考察します。

「Type-C Functional Test」とは

「Standard-Aコネクタ」や「Micro-Bコネクタ」などの「USBコネクタ」(レガシーコネクタ)を搭載する製品を開発してきた「ベンダ」からは、新たに「USB TypeCコネクタ」を採用するにあたり、認証機関として以下のような質問を受けることがあります。

> 既存機種のUSBコネクタを、「レガシーコネクタ」から「TypeCコネクタ」に変えるだけなのですが、認証試験の内容はこれまでと同じでしょうか。

残念ながら、これに対する回答は、「コネクタをTypeCに変えるだけで、認証試験の内容が増える」となります。

*

「TypeCコネクタ」の機器に新たに追加される試験としては、「Type-C Functional Test」「Type-C Source Power Test」「Type-C Interoperability Test for Mac」があります。

> ※試験対象の機器が対応している場合は、「USB Power Delivery Test」も実施されます。

このなかで、合格へのハードルが最も高い試験が「Type-C Functional Test」と呼ばれる試験になります。

「レガシーコネクタ」にはない「TypeCコネクタ」特有の機能を確認する試験です。

「CC1/CC2」「SBU1/SBU2」「USB PD」や「TypeC Current」などに関連する試験が実施されます。

この「Type-C Functional Test」の試験機材として、**Teledyne LeCroy**社の「M310P」と**Ellisys**社の「EX350」の両ソリューションが指定されており、その両方で合格する必要があります。

「TD 4.1.1 Initial Voltage Test」とは

「Type-C Functional Test Spec v0.79」の「TD 4.1.1 Initial Voltage Test」の「Purpose」の項には、以下のような記載があります。

1. Verify that SBU pins are terminated with 1M or higher, and there is no signal
2. An unconnected PUT that is not a charger with a captive cable does not source voltage/current on its CC pins.
3. Verify Source - Source connection does no damage

各信号の「電圧」「電流」の確認や、試験対象機器の初期状態は正常な状態かどうか、また接続相手にダメージを与える可能性がないかを試験する項目です。

*

この「TD 4.1.1」でよくある「Fail」(不合格事例)を一つ上げましょう。

以下の図1は、Teledyne LeCroy社の「M310P」の試験ログの抜粋です。
「TD 4.1.1」で「Fail」が発生した場合、この「SBU」の問題であることが比較的多くなっています。

Compliance Test	Result	Description
TD 4.1.1 Initial Voltage Test	Fail	The SBU pins on the PUT are not at least 950k to ground.

図1 「TD 4.1.1」の「Fail」発生事例

なお、もう一つのよく見られる問題は、「接続相手がないにも拘わらず、『Vbus』や『Vconn』が出力されている」というものです。

「SBUピン」とは

「Side Band Use」の略で、「DisplayPort Alternate Mode」や「Audio Accessory」などで使われる「信号ピン」になります。

しかし、現時点では、それ以外にあまり使われていません。

上のTeledyne LeCroy社のログにもありますが、この「SBU」の終端の仕様は、以下のようになっています(図2)。

Table 4-24 SBU Termination Requirements		
	Termination	Notes
zSBUTermination	≥ 950 kΩ	Functional equivalent to an open circuit

図2 「SBU」の終端の仕様

(Universal Serial Bus TypeC Cable and Connector Specification Release 1.3, July 14, 2017より引用)

実験 どのような場合に「SBU」の「Fail」が出るか

「SBUピン」と「GND」間の抵抗値は、いくらであればよいかを確認するにあたり、以下のような回路を試作しました(図3)。

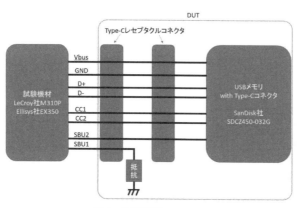

図3 被試験機の回路図

以下が、試作した被試験機の写真になります(図4)。

1つだけ見える抵抗が「SBU1」の抵抗ですが、この「抵抗値」を変えて実験をしてみました。

なお、SanDisk社の「SDCZ450-032G」単体では、「TD 4.1.1」に合格することを確認ずみです。

図4 試作した被試験機

[結果]

SBUI1 の抵抗値	試験結果	
	Teledyne LeCroy社M310P[※1]	Ellisys社EC350[※2]
0.8MΩ	Fail	Pass
0.9MΩ	Fail	Pass
1.0MΩ	Pass	Pass
オープン	Pass	Pass

※1「Teledyne LeCroy USB Compliance Suite v3.55 build 742」を使用。
※2「Ellisys EX350 Examiner v3.1.6786」を使用。

Teledyne LeCroy社のソリューションでは、仕様通りに「950kΩ」を閾値として判定しているようです。

一方で、Ellisys社のソリューションでは、「SBU」の「抵抗値」は判定されていないことも分かりました。

「SBU」を使わない「DUT」の場合は、「SBU1/SBU2」に「1.0MΩ +/-5%」以上の「終端抵抗」をつけておくか、「オープン」にしておけばよいことになります。

「SBU」の終端抵抗が「950kΩ以上」なのに、「Fail」になってしまう!?

当社で実施した試験では、とある「USBデバイス」がこの「SBU」の問題により「TD 4.1.1」が「Fail」となりました。

このときに、「SBU」の「抵抗値」を測定したところ、「950kΩ」以上で一見問題ないようにみえたことがありました。
さらに、これについて追跡調査をしたところ、「SBU」を使う「DUT」で「DUTの電源が入らないとSBUの終端が有効にならないこと」が分かりました。

「TD 4.1.1」の試験手順によると、「SBU」の「抵抗値」を測定する箇所では、試験機材は「Vbus」を供給していません。
「DUT」が「セルフパワー」であれば、試験前に「DUT」の電源を入れるので、特に問題は発生しないと考えられます。

しかし、(1)「DUT」が「バスパワー」で、(2)「DUT」の電源が入らないと「SBU」の終端が有効にならないものは、「TD 4.1.1」で「Fail」になることになります。

該当の「DUT」の初期解析時には、「Vbus」が入力された状態で「SBU」の測定値を測ってしまっていた、ということです。

＊

「TD 4.1.1」で「SBU」に関連する不具合を出さないために、以下の点に注意を払うことをお勧めします。
1. 「SBU」を使わない場合は、「SBU1/SBU2」に「1.0MΩ +/-5%」以上の「終端抵抗」をつけておくか、「オープン」にする。
2. 「SBU」を使う場合は、試験機材から「Vbus」が供給されていない状態で「SBU1/SBU2」と「GND」の間に、「950kΩ」以上の「抵抗値」が見えるようにする。

「DisplayPort 1.4」認定について「HDMI」との違い、「Alt Mode」とは

2017年1月、「ビデオ周辺機器」に関する標準化を進める業界団体「VESA」は、「USB TypeC コネクタ」と「DisplayPort 1.4」（以下「DP1.4」）規格の早期認定プログラムを正式に開始しました。

また、「USB TypeC コネクタ」を介して映像出力が可能な「DP Alt Mode」についても見ていきます。

「DisplayPort 1.4」とは

「DP 1.4」は、「ビデオ・インターフェイス」の圧縮規格「Display Stream Compression」（DSC）に対応しています。

これは、最大で「1/3」の「ロスレス圧縮」を実現しており、**同帯域幅** 条件で、これまで以上の「高解像度」と「周波数」にも対応している、「圧縮規格」です。

＊

このほか、信頼性を向上させる「前方誤り訂正」（FEC）と「HDRメタ転送」という技術も採用されています。

「HDMI Forum」もまた、1月上旬に「HDMI 2.1」の規格を発表しました。
「HDMI 2.1」は、「帯域幅」と「映像出力」については「DP1.4」に勝りますが、検証基準の詳細は未発表です（以下、表1は参考データ）。

「DisplayPort 1.4」認定について 「HDMI」との違い、「Alt Mode」とは

表1 DP1.2/1.4, HDMI2.1比較

特徴	DP 1.2	DP 1.4	HDMI 2.1
最大帯域幅	21.6Gbps/s	32.4Gbps	48 Gbps
映像出力	4K（4096X2160）@60Hz	4K（4096X2160）@120Hz 8K（7680x4320）@60Hz	4K（4096X2160）@120Hz 8K（7680x4320）@120Hz 10K（10320x4320）@120Hz
音声伝送	8 Channel 192kHz Sample Rate	32 Channel 1536 kHz	32 Channel 1536 kHz
ダイナミック HDR (Dynamic HDR)	X	✓	✓
マルチストリーミング (Multi-Stream Transport; MST)	✓	✓	✓

　また、「DisplayPort」は、「後方互換性」を保てるよう設計されたインターフェイスです。

　規格のアップグレードがあったとしても、既存のバージョンとの接続が問題なく行なえます。

DisplayPort Alt Mode

　「USB TypeC コネクタ」を介して「DisplayPort」規格による「映像出力」を可能にする、「DP Alt Mode on USB TypeC」という技術も公開されました。

　「DP Alt Mode」は、さまざまな伝送方法に対応しており、「HD映像入出力」や「USBデータ入出力」、さらに「給電」にも対応しています。
　「USB TypeC to TypeC」だけでなく、「TypeC to DP/HDMI/VFA/DVI」でも対応可能です（図1）。

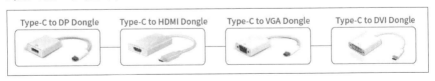

図1　TypeC to DP/HDMI/VFA/DVI

「DisplayPort 1.4」認定について 「HDMI」との違い、「Alt Mode」とは

　一方、「HDMI Licensing Administrator, Inc.」も2016年の9月、「USB TypeC」端子から「HDMI信号」を出力できる「HDMI 1.4b Alt Mode on USB TypeC」を発表しました。

　「HDMI Alt Mode」は、「HDMI 1.4b」に対応しており、補助ケーブル不要で「HDMI信号」をそのまま伝送可能です。

　「USB TypeCインターフェイス」を利用して、以下のような「HDMI 1.4b」で規定されている機能を実現できます(図2)。

・4K映像
・ARC (Audio Return Channel)
・3D立体視
・HEC (HDMI Ethernet Channel)
・CEC (Consumer Electronic Control)

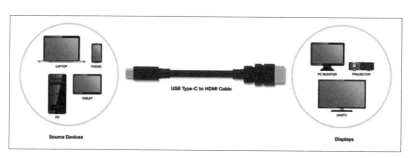

図2　TypeC to HDMI Cable

＊

　「DP Alt Mode」は、「給電機能」や「USB接続」など、さまざまな機能を備えています。

　一方、「HDMI Alt Mode」は、「映像伝送機能」に"特化"した仕様となっています(表2)。

表2　DP Alt ModeとHDMI Alt Modeの比較

ITEM	DP 1.4 Alt Mode	HDMI 1.4 Alt Mode
Max Resolution	Over 4K60	4K30
Connector Type	Type C to HDMI/VGA/DVI/DP	Type C to HDMI
PD Charging	Yes	No
Logo Artwork	Yes SuperSpeed USB Trident Logo + DisplayPort Logo SS← D SuperSpeed USB Power Delivery Trident Logo + DisplayPort Logo SS←(D SuperSpeed USB 10 Gbps Power Delivery Trident Logo + DisplayPort Logo SS←10(D	Not Yet
Source mode/Sink mode	Both	Source
Docking with USB2.0/3.1	Yes	No
Cable Adapter	Yes	Yes

　「DP Alt Mode」を利用することで、さまざまな製品運用が可能となる一方で、製品設計における他製品との「互換性の確保」は、厄介な問題となることが予測されます。

「USB TypeC規格」と試験のポイント

「USB TypeC規格」が注目されています。ここで、規格が「TypeC」になるまでの、「USB」の歴史を振り返ってみます。

1 「USB」発展の歴史

「USB」の正式名称は、「ユニバーサル・シリアル・バス」(Universal Serial Bus)と言い、「インテル」と「マイクロソフト」の主導によって開発が進められたインターフェイス規格です。

「ホット・プラグ」と「プラグ・アンド・プレイ」に対応しており、デバイスと接続することで「ホスト機器」が「デバイス・ドライバ」を自動的に検出します。

そのため、他の「シリアル・バス」に比べて利便性が高いという特徴をもちます。

*

「USB」は、「パラレル・ポート」や「シリアル・ポート」といった、従来型の「バス」と比べて、「高速通信」が可能です。

「USB 1.1」の最大データ転送速度は「12Mbps」ですが、次のバージョンである「USB 2.0」だと「480Mbps」となりました。

2008年に登場した「USB 3.0」は、「480Mbps」から「5Gbps」にスピードアップし、最近発表された「USB 3.1」だと「USB 3.0」の"2倍"に当たる「10Gbps」ものデータ転送速度に達しています(表1参照)。

表1　USB発展の歴史

世代	最大データ転送速度	USB世代別の通称	給電能力	登場
USB 1.0	1.5 Mbps	Low-Speed	100 mA	1996年1月
USB 1.1	12 Mbps	Full-Speed	100 mA	1998年9月
USB 2.0	480 Mbps	High-Speed	500 mA	2000年4月
USB 3.0	5 Gbps	SuperSpeed	900 mA	2008年11月
USB 3.1	10 Gbps	SuperSpeed Plus	〜5A (PD対応)	2013年8月
USB 3.2	20 Gbps	SuperSpeed Plus	〜5A (PD対応)	2017年7月

*

「IT業界」で確固たる地位を確立した「USB」は、「PC周辺機器」の高速インターフェイスの「デファクトスタンダード」となりました。

全世界に、一体いくつの「USBポート」が存在するか、正確には不明ですが、あるIT業界アナリストは、「USBポートをもつデバイスは、年間20億個以上出荷されている」と見積もっています。

*

「USB」発展の歴史を振り返ると、「USB 1.0規格」が1996年に登場した当初は、「周辺機器」や「デバイス」の「メーカー」にとって、「USB」は魅力的ではありませんでした。

「データ転送速度」は「1.5Mbps」と低速だったため、ユーザーの求めるスピードを実現することが難しかったからです。

当時、「Fast SCSI」はすでに「10Mbps」のレンジに達し、「IEEE 1394a」(Firewire)に至っては「400Mbps」の転送速度に達していました。

これらの規格に対抗すべく、インテルが2000年に発表した「USB 2.0 High-Speed」は、転送速度が「480Mbps」にまで向上しました。

図1　USB 2.0 High-Speed ロゴマーク(USB.orgより)

さらに、2008年に登場した「USB 3.0」では、転送速度が「5Gbps」まで向上しています。

 これは「SuperSpeed USB」と呼ばれ、今日では「"最も普及した"高速データ伝送インターフェイス」となっており、「外付けHDD」「SSD」「DVD/Blu-Rayプレーヤー」「USBメモリ」など、幅広い製品に採用されています。

図2　USB 3.0 SuperSpeed ロゴマーク(USB.orgより)

 そして、「USB-IF」(USB Implementers Forum)は、2013年に新規格となる「USB 3.1」を発表しました。

 転送速度は「10Gbps」に達し、「USB 3.1 SuperSpeed Gen 2」と称しました。
 従来の「USB 3.0」である「5Gbps」の規格は、「USB 3.1 SuperSpeed Gen 1」と呼ばれるようになりました。

図3　USB 3.1 SuperSpeed Gen 2 ロゴマーク(USB.orgより)

2 「USB」の大きな変革――「TypeC規格」の登場

2014年8月に発表された「TypeC規格」では、主に以下の4つの特徴をもちます。

①小型サイズ
「USB 2.0 Mirco-B」に近い「小型サイズ」となる

②給電能力
「TypeC」は、「サブセット規格；USB Power Delivery」により大きな「給電能力」を実現できる

③発展性
より高速な「データ転送」を実現する、将来の「USB規格」にも対応できるよう設計されている

④ユーザビリティ向上
「上下の向き」を気にすることなく挿入可能

「TypeCコネクタ」のサイズは、「約8.4mm x 2.6mm」と、従来の「USB 2.0 Micro-Bコネクタ」より、やや大きいものです。

「USB Power Delivery規格」をサポートしない場合の充電能力は「15W」となり、サポートする場合は「最大100W」の給電能力をもちます。

転送速度は、現行の「USB 3.1 SuperSpeed Gen 2」の「10Gbps」に加えて、将来、登場予定のさらに高速な「USBバージョン」(たとえば「USB 4.0」)にも使えるものとして設計されています。

実使用にあたっては、アップルの「Lightning」のように、「上下の向き」を気にする必要もないため、「タブレット」や「スマートフォン」といった幅広い薄型モバイル端末への応用が可能です。
この点でも、市場の期待が高まっています。

■「TypeC」の設計と仕様

「TypeC」のコネクタ設計は、従来の「USBコネクタ」とは大きく異なり、「上下二段」の端子設計になっています。

「レセプタクル」は一種類のみで、24本の端子から成り立っており、その形状は「Vertical」「Right Angel」「Mid-Mount」となっています。
「ラグ端子」も、「Dual-Row SMT」「Hybrid」などに分かれています。

*

プラグの仕様は二種類存在し、高速転送が可能な「Full-Featuredバージョン」と「USB 2.0バージョン」があります。

「TypeC」の端子は「上下二段」設計なので、ケーブル加工上、プラグ末端に「Paddle Card」を装着してから、線材を「Paddle Card」上に加工することになるでしょう。

これと同時に「USB-IF」は、「TypeCケーブルが3A以上の給電能力を有する場合には、『USB Type-C Electronically Marked』の注記が必要である」としています。

また、「USBケーブル」の規格には、主に次の3種類があります。
①標準TypeCケーブル(Full Featured/USB2.0)
②従来型USBケーブル(USB 3.1/USB2.0)
③従来型USBアダプタ

①標準の「TypeCケーブル」には、「USB Full Featured TypeCケーブル」および「USB 2.0 TypeCケーブル」という2種類の規格があり、②従来型の「USBケーブル」には、「USB 3.1」と「USB 2.0」の2種類の規格があります。

「USB 3.1規格」には、以下3種類のケーブルが定義されています。
・USB Type-C to USB 3.1 A
・USB Type-C to USB 3.1 B
・USB Type-C to USB 3.1 Micro-B

また、「USB 2.0規格」には、以下4種類のケーブルが定義されています。
- USB Type-C to USB 2.0 A
- USB Type-C to USB 2.0 B
- USB Type-C to USB 2.0 Mini-B
- USB Type-C to USB 2.0 Micro-B

③従来型の「USBアダプタ」には、「USB Type-C to USB 3.1 Receptacle」「USB TypeC to USB 2.0 Micro-B Receptacle」という二種類があります。

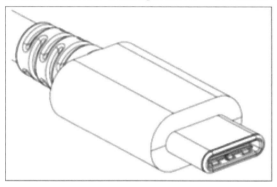

図4　TypeCコネクタ

(Universal Serial Bus Type-C Cable and Connector Specification Revision 1.0より抜粋)

■「TypeC」の認証試験

「TypeC」には、「認証試験」として次のような要求事項が課されています。

1.機械試験

「TypeC」は、主に「モバイル機器」に使われるため、「USB Micro-B」と同様に、一万回の抜き差しに耐えられなければならない。

「挿抜試験」における規格は、他のタイプの「USB」とは異なり、「TypeC」での「挿入力」は5～20N、「離脱力」は8～20Nである。

ケーブルの「曲げ試験」と「挿抜試験」も、「Micro-B」と同様に、「TypeC」でも「四軸方向」の試験が課される。

2.電気試験

「LCRメーター測定」における定格値は「30mΩ」から「40mΩ」に変更。

このほか、「TypeC」は「電流温度上昇試験」を行なう必要があり、「Vbus端子」に「5A」の電流を、同時に「Vconn端子」に「1.25A」の電流をそれぞれかけて、温度変化が30oCを超えてはならない。

3.環境試験

「USB 3.0」の要求と同様に、「EIA 364-1000.01規格」により「耐環境試験」を実施する。

4.電気メッキ要求事項

「USB 3.0」に対する要求事項と同じ。

5.高周波試験

「TypeC規格」と過去の「USB規格」で最大の違いは、「TypeC」は「レセプタクル」にも「高周波試験」が要求されていることである。

「TypeCレセプタクル」と「標準TypeCケーブル」の「高周波試験」の要求は、表2のとおり(従来型USBケーブルの試験とは異なる)。

「USB TypeC規格」と試験のポイント

表2 「TypeCレセプタクル」と「標準TypeCケーブル」に対する「高周波試験」

	Type-Cレセプタクル		標準Type-Cケーブル	
	試験要求	標準値	試験要求	標準値
Impedance	Rise Time: 40 ps (20-80%)	85±9 ohms	レセプタクルと同じ	
Insertion Loss	100 MHz	-0.25 dB	100 MHz	-2 dB
	2.5 GHz	-0.35 dB	2.5 GHz	-4 dB
	5 GHz	-0.45 dB	5 GHz	-6 dB
	10 GHz	-0.75 dB	10 GHz	-11 dB
	15 GHZ	-1.85 dB	15 GHZ	-20 dB
Return Loss	100 MHz	-20 dB	100 MHz	-18 dB
	5 GHz	-20 dB	5 GHz	-18 dB
	10 GHz	-13 dB	10 GHz	-12 dB
	15 GHZ	-6 dB	15 GHZ	-5 dB
Near-end & Far-end Crosstalk	100 MHz	-40 dB	100 MHz	-37 dB
	5 GHz	-40 dB	5 GHz	-37 dB
	10 GHz	-36 dB	10 GHz	-32 dB
	15 GHZ	-30 dB	15 GHZ	-25 dB
Near-end & Far-end Crosstalk with D+/D-	100 MHz	-40 dB	100 MHz	-35 dB
	5 GHz	-40 dB	5 GHz	-35 dB
	7.5 GHz	-36 dB	10 GHz	-30 dB
Differential to Common Mode Conversion	100 MHz	-30 dB	100 MHz	-20 dB
	6 GHz	-30 dB	10 GHz	-20 dB
	10 GHz	-25 dB		

　上記の「高周波試験」を終えた後、「USB-IF」が発表した公式に従って、以下の**各5項目**の「変数」について換算し、「TypeCケーブル」が「USB-IF」の要求に適合するかどうかを判断します。

①ILfitatNq (Insertion Loss fit at Nyquist frequency)
②IMR (Integrated Multi-Reflection)
③INEXT (Integrated Near-end Crosstalk)
④IFEXT (Integrated Far-end Crosstalk)
⑤IRL (Integrated Return Loss)

　すべての試験項目が「高周波信号」「機械特性」「電気性能」「環境変質」といった各種測定や評価に関わってきます。
　これを踏まえると、コネクタメーカーは専門的な「試験ラボ」と協力、相談しながら「認証試験」を進める必要が出てくることでしょう。

＊

「USB-IF」が正式に認可した「試験ラボ」であれば、専門の設備機器を備えています。

そのため、技術的な支援を実施することが可能なので、実際の使用環境で遭遇するであろう多くの状況を再現することが可能です。

問題点やリスクを指摘しながら、製品が品質や機能面での要求に適合するかを確認できます。

＊

「USB 3.2」は「20Gbps」の転送速度が要求されているため、ケーブルの「シールド効果」(Shielding Effectiveness Requirements)の問題がより重視されています。

「シールド効果」は「EMI」と「RFI」に影響するので、「USB-IF」ではこの試験に厳しい要求事項を課しています。

図5は、「ケーブル・シールド効果測定環境」を示しています。

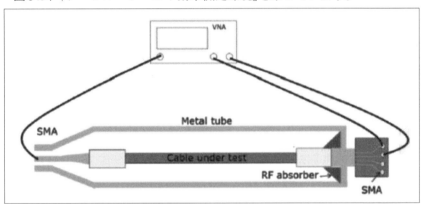

図5 「ケーブル・シールド効果」測定環境

(Universal Serial Bus Type-C Cable and Connector Specification Revision 1.0より抜粋)

「TypeC」今後の発展

　「TypeCコネクタ」の目標は、現行の「USB 2.0 Micro-Bコネクタ」に取って代わり、"**モバイル機器の標準規格**"となることです。

　「USB 2.0 Micro-Bコネクタ」は、スマートフォンをはじめとする数多くのモバイル機器に採用されました。
　その後、「USB 3.0」の時代に入ると、「データ転送速度」は大幅にアップしました。

　しかし、「USB 3.0 Micro-Bコネクタ」の幅は「USB 2.0」の2倍もあることが災いし、"軽量薄型志向"のスマートフォンには、サイズ的に大きな規格となってしまいました。
　このため、「USB 3.0 Micro-Bコネクタ」を採用するスマートフォンはあまり多く見られません。

　「USB-IF」は、「TypeC」によって、モバイル機器のデータ転送ライン規格の統一化を狙っています。

「USB TypeC」時代の電力関連の仕様と、それに関わる「認証試験」の例

「USB TypeCコネクタ」は、さまざまな電力の規格が使われることが想定されています。

「USB PD」とは

「USB規格」となっているものだけでも、以下のような規格があります。

表1　USB規格

優先度	規　格	電　圧	最大電流
高	USB PD	可変	5A
↑	USB TypeC Current 3A	5V	3A
↓	USB TypeC Current 1.5A	5V	1.5A
	USB BC1.2	5V	1.5A
低	Default USB Power	5V	1.5A/0.9A/0.5A （接続速度により異なる）

　これらの規格には「優先度」があり、表1の上段にあるものは「優先度が高い」と定義されています。

　「USB PD」は、従来から策定されている「Battery Charge 1.2」(以下、「BC1.2」)の、「Vbus電圧」と「電流」の種類を増やして、取り扱える電力を拡張した規格です。

　コネクタは、「レガシー」と呼ばれる「TypeA」「microB」ではサポートしておらず、「TypeC」である必要があります。

「BC1.2」で扱える「電圧」と「電流」および「電力」は、「5V × 1.5A = 7.5W」です。

この「充電電力7.5W」でも充分と思えたのですが、近年はモバイル機器に搭載される「リチウムイオン電池」が大容量化してきました。
それに対応した持ち運べる充電器とも言える「モバイル・チャージャー」も、「スマホ・ユーザー」を中心に普及しています。

そのため「充電電力7.5W」では、満充電までに長い時間が掛かるので、短い時間で充電が完了する仕組みが求められていました。
＊
そこで、USB-IFが「USB PD」を策定し、供給電力を「最大20V × 5A = 100W」まで拡張しました。
現在、市場に流通している「USB PD充電器」は、「20V × 3A = 60W」までの仕様が多いようです。

「TD 4.10.2 Sink Power Precedence Test」とは

たとえば、「USB PD」と「USB TypeC Current」の両方に対応している「Source機器」と「Sink機器」を接続する場合には、優先度の高い「USB PD」で電力を送受信しなければなりません。

■ 「Type-C Functional Test」とは

「USB規格」を策定している「USB-IF」(USB Implementers Forum)は同時に、USB製品が「USB規格」を満たしているかどうかを確認するための「認証試験」も策定・実施しております。
「認証試験」に合格した製品は、「USB-IF」が認定した製品となるため、安心して購入できます。
＊
受験する製品の仕様により試験項目は異なりますが、「USB TypeCコネクタ」の製品に対して共通で実施される試験として、「Type-C Functional Test」という試験があります。

この中に、冒頭でご紹介したUSB機器の電力仕様を確認する試験項目が含まれています。

ここではその試験項目について簡単に紹介します。
「USB認証」を取得するためには、どのような基準を満たす必要があるのかをご覧いただければと思います。

＊

「Type-C Functional Test」とは、「TypeCコネクタ」をもつUSB機器に、特有の処理が正しく行なわれるかどうかを確認する試験です。

「TypeCコネクタに特有」ということを説明する前に、「USBコネクタ」の種類について説明します。

「USB-IF」では、「USBコネクタ」を2つに分けて説明することが多くなっています。

1つが、「レガシーコネクタ」と呼ばれるコネクタ、もう1つが「TypeCコネクタ」と呼ばれるコネクタです。

「レガシーコネクタ」とは、「TypeCコネクタ」が登場する前から存在している「USBコネクタ」の総称であり、"TypeCコネクタ以外のコネクタすべて"と理解していただいて問題ありません。

代表的な「レガシーコネクタ」としては、PCなどに使われていることが多い「Standard-Aコネクタ」、プリンタなどの周辺機器に使われていることが多い「Standard-Bコネクタ」、一昔前のスマートフォンなどに使われていた「Micro-Bコネクタ」などがあります。

■「TD 4.10.2 Sink Power Procedence Test」とは

「TypeCコネクタ」では、「USB PD」や「TypeC Current」といった新しい「電力規格」が使える以外にも、「リバーシブル対応」や「コールドスタート」といった機能が追加されています。
このような、「レガシーコネクタ」にはない「TypeCコネクタ」に特有の機能を確認する試験として、「Type-C Functional Test」が策定されています。

「Type-C Functional Test」には多数の小項目が含まれています。
その中に、「電力制御」に関する試験項目があります。

アリオンは、「TypeC製品」に対する「USB試験」を多数取り扱ってきた経験がありますが、特に「Fail」が多発している項目が「TD 4.10.2 Sink Power Precedence Test」という項目です。

ここでは、その「TD 4.10.2 Sink Power Precedence Test」の「試験内容」とその「判定基準」、そして、なぜ「Fail」しやすいのかについて紹介します。
本試験項目の目的を一言で表わすと「電力関連規格を優先度の低いものから1つずつ上げていき、Sink DUTがそれに追従するかどうかを確認する」となります。

試験手順の概要は、以下になります。

> ※なお、カッコ内は「Type-C Functional Test Spec」の手順の番号を記載しているので、元の仕様書を確認する際に参考にしてください。

[1]「DUT」が「USB2.0」に対応する場合に、以下を実施する(手順1～4)
　　(1-1)「CVS」を「USB2.0」の「USB Default Power」に対応する「Source」に設定
　　(1-2)「DUT」が「USB Default USB Power」規格内の消費電力であることを確認する(**疑問1**)

[2]「DUT」が「BC1.2」に対応する場合に、以下を実施する(手順5)
　　(2-1)「CVS」を「USB BC1.2」に対応する「Source」に設定する
　　(2-2)「DUT」が「USB BC1.2」のネゴシエーションを行ない、その規格内の消費電力であることを確認する

[3] すべての「DUT」に対して、以下を実施する(手順6～10)
　　(3-1)「CVS」を「USB TypeC Current 3.0A」に対応する「Source」に設定する
　　(3-2)「DUT」が「3.0A」以下の消費電力であることを確認する

[4]「DUT」が「USB3.1」に対応している場合は、「CVS」を「USB3.1」に対応するよう設定し、上記手順の1～3を再度実施する(手順11～14)

[5]「DUT」が「USB PD」に対応する場合に、以下を実施する(手順15)

(5-1)「CVS」を「USB TypeC Current 1.5A」かつ「5V 1.5A」の「PDO」の「USB PD」に対応する「Source」に設定する

(5-2)「DUT」が「USB PD」のネゴシエーションを行ない、1.5A以下の消費電力であることを確認する

(5-3)「DUT」が優先度の低い電力規格で動作しないことを確認する

(5-4)「CVS」を「Default USB Power」のみに対応する「Source」に設定し、さらに「PDメッセージ」のやりとりをしないよう設定する

(5-5) ネゴシエーション中の「DUT」の消費電力が、規格内であることを確認する

[備考]

・「Type-C Functional Test」では、試験機器のことを「CVS」(Connector Verification System)と言います。

・「TD 4.10.2」では、「DUT」が電力的に「Sink」(消費側)、「CVS」(出力側)が電力的に「Source」になります。

・「DUT」が「USB SuperSpeed」や「High-Speed」などのデータ通信に対応している場合は、電力に加えて「データ通信」のネゴシエーションも試験されます。

Column 「Fail」が多発する理由

先程説明した通り、本項目は「Fail」が多くなっています。

これは「USBの電力仕様についてレガシーコネクタの時期に策定された仕様とType-C Functional Testの判定基準の間で一部食い違いがあるから」という理由になります。

「レガシーコネクタ」の「USB機器」を設計し、「USB認証」を取得した実績のある企業が、その製品の電力仕様を変えずに"コネクタだけ"を「TypeCコネクタ」に変更した場合に、「Type-C Functional Test」で「Fail」となることがあります。

判定基準の疑問点

そこで、食い違いのある2つの箇所については「USB-IF」に確認しました。

[疑問1]
「Default USB Power」の「Self-Powered」の場合、最大消費電力は「1mA」なのか

試験手順の1、2において、「Default USB Power」時の消費電力の試験がされていますが、その判定基準は以下の通りとなっています。

・「Self-Powered」の「DUT」は1mA未満
・「Bus-Powered」の「DUT」は、「デバイスディスクリプタ」内の「bMaxPower」で設定される最大電力値以下

ここで問題となったのが、「Self-Poweredの基準」になります。

従来からのUSB仕様では、「Default USB Power」の「Self-Powered」で動作している場合に許容される最大消費電力は、「SuperSpeed」接続の場合は「150mA」となり、「High-Speed」以下の接続の場合は「100mA」となっています。
ところが、「Type-C Functional Test」の判定基準では、最大でも「1mA」となっており、大幅に基準が厳しくなっています。

なお、「Self-Powered」と「Bus-Powered」の定義は、以下の通りです。

Self-Powered
「USB機器」が自前の「電源」をもつ場合。「ACアダプタ」を接続して使う「プリンタ」などが該当。

Bus-Powered
「USB機器」が接続相手から"USB経由"で「電源供給」を受ける場合。「USBメモリ」などが該当。

*
この「Self-Powered」で動作しているときの基準値について確認しました。

> [回答]
> 消費電力が1mA以上の場合は、「Bus & Self-Powered」にしなければならない

「USB-IF」は、「TypeCコネクタ」の場合は「Default USB Power」の「Self-Powered」という条件では、消費電力は「1mA」未満でなければならない、と考えているようです。

これは大幅に基準が厳しくなったことを意味しています。
とは言っても、「Self-Powered」で「1mA」以下に消費電力を抑えられない場合も多々あります。

アリオンでの試験実績でも、「1mA」を超えている「Self-Powered」の「レガシーコネクタ」のUSB機器は多数あります。
これらの機器は、「TypeCコネクタ」になったとたんに認証がとれなくなるのか。
この点について、再度「USB-IF」に確認したところ、「Bus & Self-Powered」の設定にすることで回避できることが分かりました。

*

> [疑問2]
> 「USB PD」は、USB経由で電力をやり取りしているが、「Bus-Powered」ではないのか

試験手順の5-2の判定基準として、「USB PD」が動作している場合には、「DUT」は「Self-Powered」と宣言し、かつ「デバイスディスクリプタ」内の「bMaxPower」で設定される「最大電力値」を「0」にしなければならない、となっています。

しかし、USB経由で電力を受けている場合は、「Bus-Powered」と考えていたため、なぜ「Self-Powered」なのか確認しました。

> [回答]
> 「DUT」が「USB PD」または「TypeC Current」で電力を送受信する場合は、「Self-Powered」かつ「bMaxPower=0」の設定にしなければならない

　「USB PD」と「USB TypeC Current」は、USB経由で電力をやりとりするものの、これらは"外部電源"とみなされているため、「Self-Powered」にしなければなりません。

　また、「デバイスディスクリプタ」内の消費電力を「0」と設定しなければならないことについては、「USB PD」や「USB TypeC Current」の場合は、「デバイスディスクリプタ」以外に電力を通知する方法があるため、特に問題にはなりません。

＊

　「DUT」によっては、「Default USB Power」での動作時と、「TypeC Current」や「USB PD」の動作時では、「Self/Bus-Powered」の設定や「bMaxPower」の値を切り替えなければならないことになります。

　また、複雑になっているUSBの電力関連の仕様を分かりやすくするために「**UFP-Powered**」という新しい用語が定義されています。

高速データ伝送コネクタ
トレンドと検証ポイント

　IT業界の急速な発展に伴い、「信号通信の品質と速度」「アプリケーションの多様性」など、より高性能な製品開発に向けて、さまざまな企業が技術開発を進めています。
　「エンコーディング」「パッケージング技術の向上」や、「全二重通信」の提供によって伝送速度を向上させ、ユーザー側の待機時間の短縮を目指しています。

　この目標を達成するため、「ブリッジ」としてのコネクタが注目を集めており、「信号通信の品質」と「速度」の改善が期待されています。

外　見

　コンシューマー向けのIT製品は「薄型・軽量化」が進んでいます。
　「コネクタ」の形状についても同様に、「薄型」が求められています。

　「USBコネクタ」は、「Standard」「Mini」「Micro」に加え、最近登場した「TypeC」と、時代のニーズに合わせてさまざまな形状が登場しています（図1）。

　薄くて軽いことだけが良いコネクタの条件ではありません。
　簡単に「挿抜」できることや、さまざまな利用ケースに耐えうることなどが求められます。

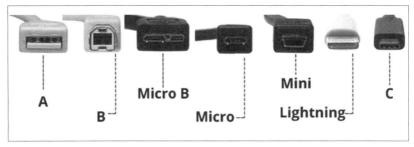

図1　コネクタの形状一覧

伝送性能

これまでの「コネクタ」は、大容量のデータを伝送するニーズがなかったため、「挿抜力」「耐久力」「端子接触保持力」「接触抵抗」といった、「**機械特性**」と「**電気特性**」に関する試験のみ実施していました。

しかし、「USB」と「IEEE1394」が登場し、大容量データ伝送が手軽に実現可能となったことで、試験のポイントも変わりはじめました。

従来、電流で大量のデータを伝送できるかどうかを確認する試験が中心でしたが、現在では「インピーダンス」や「伝播遅延」「伝播スキュー」「アッテネーション」「クロス・トーク」などの試験が追加されています。

これらの新機能によって、「高速データ伝送」時の整合性をより正確に検証可能となりました。

干　渉

「データ伝送の大容量化」とともに、「HDMI」「DisplayPort」「USB 3.1 TypeC」などの「高速インターフェイス」が普及し、伝送速度が「**Mbps**」から「**Gbps**」に変化しました。

＊

しかし、良い面ばかりではありません。

同時に「**符号間干渉問題**」も増加を続けており、これをどう改善するかが重要な課題となっています。

「単線ケーブル」から「ツイストペア・ケーブル」や「同軸ケーブル」に変更することで、ケーブル自体の干渉を減衰させ、外部からの干渉に対する抵抗を増加できることでしょう。

ただ、複数の「ワイヤ」や「信号ペア」が高速でデータ伝送すると、「クロス・トーク」も増加するため、その原因をそれぞれ検証する必要が出てきます。

*

「クロス・トーク」(Cross talk)とは、「**伝送信号**」が他の伝送路に漏れることです。

伝送システムの「回路」または「チャネル」上から送信された信号が、別の「回路」または「チャネル」に対して望ましくない影響を及ぼす現象を指します。

通常だと、「回路」「チャネル」の一部から、別の「回路」に対する望ましくない影響が、「**容量性**」「**誘導性**」「**導電性**」などの結合によって引き起こされます。

たとえば、自宅で固定電話を使う際、通話中に第3者の音声が聞こえる、といった現象です。

「高周波数」の送信は、隣接する「高周波」の送信との「クロス・トーク」を避けられません。
そのため、試験により「測定値」を算出して「クロス・トーク」の"許容範囲"を抑える必要があります。

「クロス・トーク」は、「**近端クロス・トーク**」(Near End Cross Talk)と「**遠端クロス・トーク**」(Far End Cross Talk)に分けられます。

「USB TypeC」は、4つの「信号ペア」を備えており、「DisplayPort」には5つの「AUXコントロール信号ペア」が備わっています(**図2**)。
どちらも「クロス・トーク」の「測定値」を重視しており、検証項目にも組み込まれています。

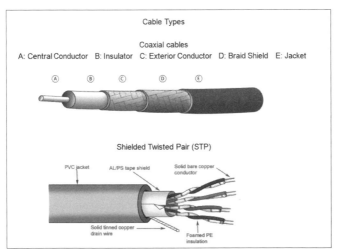

図2 「USB TypeC」の信号ペア

信号損失

　製品の「小型化」が進んだことで、軽量で折り曲げに強い「ツイスト・ケーブル」のニーズが増加しました。
　この傾向が進むことで、単線の直径がより細くなることが予測されています。

　「HDMIケーブル」の太さは「約24〜30 AWG」ですが、「USB 3.1」は「28〜34 AWG」です。
　ケーブルが薄くなると、銅の特性によって「高周波回路」における信号が「伝送損失」してしまいます。
　　　　　　　　　　　　　　＊
　「損失」とは、通信線路上を流れる「電気信号」や「光信号」を減衰することです。
　「挿入損失」(Insertion Loss)と「反射損失」(Return Loss)の2つのタイプに分類することができます。

　理想的な状況では、「伝送減衰」は存在しません。
　ですが、現実では銅の特性のため、高速なデータ信号の「伝送距離」が長ければ長いほど、信号の「損失」が増大します。

このような「損失」は、「コネクタ側」には影響しませんが、「ケーブル側」に重大な問題を招く可能性があります。

「反射損失」の発生は、「コネクタ」あるいは「ペアリング・インターフェイス」によって引き起こされるようです。

こうした問題の原因は、「コネクタ形状」と「構造特性」にあり、また、「コネクタ」の製造過程で発生した"構造的欠陥"が、本来あるべき性能の発揮を妨げています。

以上のことから、品質を向上させるためには、「挿入損失」と「反射損失」に関する試験項目が不可欠となるのです。

USB-IFでは、次の基準（表1、表2）で信号損失に関する規格を策定しています。

表1　Twisted Pair Cable Decay Comarison

Frequency	34AWG	32AWG	30AWG	28AWG
0.625 GHz	−1.8 dB/m	−1.4 dB/m	−1.2 dB/m	−1.0 dB/m
1.25 GHz	−2.5 dB/m	−2.0 dB/m	−1.7 dB/m	−1.4 dB/m
2.50 GHz	−3.7 dB/m	−2.9 dB/m	−2.5 dB/m	−2.1 dB/m
5.00 GHz	−5.5 dB/m	−4.5 dB/m	−3.9 dB/m	−3.1 dB/m
7.50 GHz	−7.0 dB/m	−5.9 dB/m	−5.0 dB/m	−4.1 dB/m
10.00 GHz	−8.4 dB/m	−7.2 dB/m	−6.1 dB/m	−4.8 dB/m
12.50 GHz	−9.5 dB/m	−8.2 dB/m	−7.3 dB/m	−5.5 dB/m
15.00 GHz	−11.0 dB/m	−9.5 dB/m	−8.7 dB/m	−6.5 dB/m

(Source : Universal Serial Bus Type-C Cable and Connector Specification Revision 1.2)

表2　Coaxial Decay Comparison

Frequency	34AWG	32AWG	30AWG	28AWG
0.625 GHz	−1.6 dB/m	−1.3 dB/m	−1.1 dB/m	−1.0 dB/m
1.25 GHz	−2.8 dB/m	−2.2 dB/m	−1.7 dB/m	−1.4 dB/m
2.50 GHz	−4.3 dB/m	−3.4 dB/m	−2.6 dB/m	−2.0 dB/m
5.00 GHz	−6.2 dB/m	−4.9 dB/m	−3.9 dB/m	−3.1 dB/m
7.50 GHz	−7.6 dB/m	−6.2 dB/m	−5.1 dB/m	−4.0 dB/m
10.0 GHz	−8.8 dB/m	−7.4 dB/m	−6.1 dB/m	−4.9 dB/m
12.5 GHz	−9.9 dB/m	−8.5 dB/m	−7.1 dB/m	−5.7 dB/m
15.0 GHz	−10.8 dB/m	−9.4 dB/m	−8.0 dB/m	−6.5 dB/m

(Source : Universal Serial Bus Type-C Cable and Connector Specification Revision 1.2)

＊

「時間領域」(Time domain)と「周波数領域」(Frequency domain)は、「ケーブル挿入損失」を検証する試験設備です。

「USB 3.1認証試験」には、「TDR」(Time Domain Reflectometry)と「NA」(Network Analyzer)を使っています。

伝送速度を向上させるため、そしてコストを抑えるために試験項目を絞り込み、いかに有効な試験を設計するかが、今後の課題となります。

「USB 3.1 TypeC認証」を例に挙げると、「MOI」(Method of Implementation)では単一のケーブルマシーンを利用し、「TDR」および「NA測定」を含む「ケーブル試験」を実施します(図3)。

Tektronixの「TDR測定」では、「Iconnect」というソフトウェアを通じて「Fast-Fourier Transform」を使うことで、さまざまな周波数の「Sin Wave」に変換可能です。

一方、「Keysight ENA」では、測定された「Sin Wave」を「Inverse Fourier Transform」で「TDR」に変換可能です。

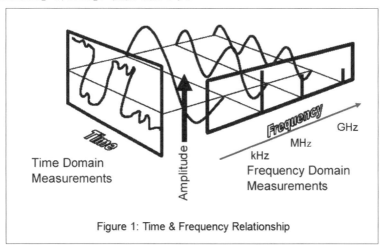

図3　TDR測定

将来性ある「高速コネクタ」は、"「薄型」であり「高速データ伝送」が可能"といった条件を満たす必要があります。

現代のコネクタ製造においては、機械加工技術に代わって「マイクロ・デバイス」と「高周波技術」が進歩しています。

コネクタへの「試験」と「分析」のために、大量の資金と労力を投入する必要があります。

先ほど紹介した「新型コネクタ」と、それに関連する「信号伝送技術」は、「ハイエンド製品開発」において重要な役割を果たすことでしょう。

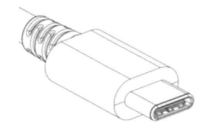

「充電環境」を守る「認証」
－「充電」の「リスク」と「安全性」－

「スマートフォン」をはじめとする「ポータブル機器」は、今や我々の"生活必需品"と言っても過言ではないほど、身近なツールとなりました。
このような機器の「充電環境」を守るためには、「認証試験」が不可欠となります。

1 「充電 作業」は日課

「スマートフォン」は、特に「バッテリ消費量」も大きいため、毎日充電している人がほとんどではないでしょうか。
「ガラケー時代」には週1,2回でも「バッテリ」がもっていたことが懐かしく感じます。

*

「スマホ」が普及した現代、「充電」という作業は、その"頻度"と"重要性"が増し、生活に欠かせないものです。

ヘビーユーザーなら、1日に1回では足りず、「モバイル・バッテリ」を常備している人も少なくないと思います。

普通の使い方の人でも、長時間の外出のときなどは、外出先での「電池切れ」が心配で、「モバイル・バッテリ」を持参する人も多いでしょう。

*

これほどまで身近になった「充電作業」ですが、それを支える縁の下の力持ち的な存在(道具)があります。

それは、「アダプタ」や「ケーブル」です。

図1 充電に不可欠な充電器

　これらは毎日欠かさず使うので、旅行や出張の際にも必ずもって行く必需品と言えます。

　電器店は当然、駅の売店でも、コンビニでも、旅先の小さい商店でさえも、「充電用のケーブル」や「アダプタ」を見掛けるようになりました。

2 「充電」のリスクと安全性

　毎日使うこれらのツールに最も重要なものは何でしょうか。
　それは、「安全性」ではないでしょうか。

　日常生活に欠かせなくなったこれらのツールは、安心して使いたいものです。

　「充電」という作業には「リスク」が伴い、各ツールは「熱」をもちやすい特性があります。
　そのため、「発煙」「発火」の危険性とも常に隣り合わせです。

　「発煙」「発火」すれば、付近の物への「損害」「やけど」「怪我」…最悪の場合、「火災」などの大惨事を招きかねません。
＊
　実際に、通勤時間帯の電車内で出火騒ぎが発生したこともありました。

この騒ぎでは、同じ電車に乗り合わせた人だけではなく、運転見合わせにより、多くの人々が被害を被ることとなりました。

当事者も大切な所持品を失ったことでしょう。

＊

その原因は、「いちばん安かった」という理由で購入した「モバイル・バッテリ」の使用による「発火」でした。

「モバイル・バッテリ」自体は安いとしても、それが原因で高価な「スマホ」を損傷したり、自身が大怪我を負ったり、賠償責任を負ったり、住宅が焼失してしまうなどの事態になれば、元も子もありません。

「リスク」を考えれば、多少高くても、「安全性」が保証された商品のほうが安心です。

信用のおけるメーカーの商品であれば、「安全性」は一定水準をクリアしていると思われます。

しかし、消費者への正式な証明としては、「第三者認証機関」によって行なわれた「**認証試験**」が有効です。

3 「MCPC認証試験」について

この「安全性」を確認し、安全基準を満たした商品に「MCPCロゴ」を付与するため、「**MCPC認証試験**」が実施されています。

対象品目は、下記の通りです。
- USBチャージャー
- モバイルチャージャー
- 車載埋め込み型USBチャージャー
- 特殊な専用USBチャージャー
- USBケーブル：「TypeC to TypeC」「TypeA to TypeC」「TypeA to microB」
- アダプタ：「TypeC to microB」

上記の各タイプで、それぞれ設けられたテスト項目があります。
そして、仕様に応じた規格に基づいてテストを実施します。

仕様通りの「電流」「電圧」になっているかなどの「基本性能」の確認も行ないますが、この「認証試験」で最もネックになるのは、以下の項目です。
・「温度上昇」または「過電流」時の「保護機能試験」
・熱こもり環境試験

規定されている限界値に達するまでに、「内蔵センサ」が問題なく機能し、「出力を停止する」もしくは「電流を大幅に下げる」など、「保護機能」が働くかを確認します。

＊

「過電流保護試験」では、「電流」が限界を超えた場合に、出力を「Off」または「非常に小さい値まで低下させるか」を確認します。

「温度上昇」時の「保護機能」の試験では、温度の「上限値」を設けていますが、仕様に規定された値までに、出力が「Off」になるかを確認します。
　このテストで問題が発生すると、ケーブルのコネクタ部分から「接着剤」が飛び出したり、「焦げ」や「変形」が見られる可能性があります。

一般的な使用環境で、このような異常状態に達することはあまりないと思います。
　しかし、もしそのような状況になった場合、「センサ」が働かなければ、「発煙」「発火」など、危険な状況を招きかねないことが分かります。

＊

「熱こもり試験」では、検証用機材から負荷を掛け続けた状態のまま「熱こもり環境」に放置し、長時間置いて「発煙」「発火」などがないか、「一定の条件に達した場合に給電を停止するか」などをテストします。

もし、冬場に布団の中で充電しながら眠ってしまった場合、「発煙」「発火」すれば大惨事になりかねません。

このような「保護機能」は、「チャージャー」だけでなく小さなケーブルにも備わっており、先端部分に「センサ」が実装されています。

「TypeC」だけではなく、「microB」の小さいコネクタにも備わっているのです。

ただし、安価なものには「センサ」が実装されていなかったり、正常に機能しない可能性が高いのです。

図2　「microB」(左)と「TypeC」(右)のコネクタ

「USB Vendor Info File」(VIF)とは

「USB認証試験」を実施するにあたり、あらかじめ試験対象の機器（DUT: Device Under Test）の仕様を聞いて、それに従って試験を実施することがあります。

今回は、「VIF」について、「VIF」が必要な「試験」（一部手順含む）、「作成方法」「その他注意事項」などについて紹介します。

「VIF」とは

「レガシー・コネクタ」の「DUT」の試験においては、「DUT」の仕様を記載するための特定のフォーマットはありませんでした。

一方、「USB TypeC」や「USB PD」の「DUT」の試験においては、「VIF」(Vendor Info File)という「USB-IF」が定義したフォーマットで「DUT」の仕様を記載し、これを試験で使うこととなりました。

＊

当初は、「USB TypeCコネクタ」の「DUT」にのみ「VIF」が必要となっていましたが、その後、「レガシー・コネクタ」の「DUT」に対しても「VIF」が要求されるようになりました。

その結果、現在ではすべての「USB認証試験」で「VIF」の作成や提出が必要となっています。

「USB Vendor Info File」(VIF)とは

「VIF」が必要な試験

「VIF」が必要な試験は、以下のとおりです。

- USB3CV/Connector Type Test
 すべての「Device」(Peripheral)と「Hub」の「UFP」が対象。
 「Descriptor」関連のテスト。

- Link Layer Test
 「USB3.2」対応の機器すべてが対象。「Link層」のテスト。

- Type-C Functional Test
 「TypeCコネクタ」搭載の機器すべてが対象。
 「TypeC規格」で拡張された部分に関するテスト。

- Power Delivery Test (2.0/3.0)
 「USB PD」対応の機器すべてが対象。「USB PD」に関するテスト。

- Type-C Source Power Test (QuadraMAX)
 「TypeCコネクタ」搭載の「Source機器」が対象。
 「TypeC」の「電源供給」に関連したテスト。

「VIF」の作成

　「VIF」の実体は「テキスト形式」のファイルで、その「DUT」の「情報」「仕様」を記載したものです。

　これを作るには、「USB-IF」が提供している「Vendor Info File Generator」というツールを使います。

　このツールは、以下のサイトよりダウンロード可能です。

```
https://www.usb.org/documents
```

「USB Vendor Info File」(VIF)とは

図1 「Vender Infro File Generator」のダウンロード画面

※2019年2月現在のバージョンは「1.2.4.0」ですが、定期的に更新されています。

「VIF Generator」での作成手順

各項目に対して、「テキストボックス」に情報を記入、または「プルダウンメニュー」から該当の項目を選択する、というシンプルなものです。

ここでは例として、「USB2.0 Device Standard-Bコネクタ」搭載の製品のVIF作成手順を記載します。

【Infoタブ】

すべての「DUT」で共通であり、「ベンダ名」「モデル名」などの基本情報を登録します。

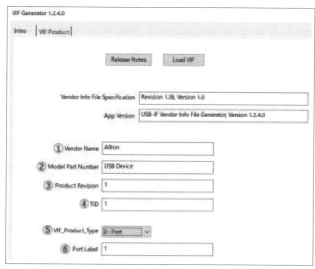

図2 「ベンダ名」「モデル名」入力画面

「USB Vendor Info File」(VIF)とは

[1] Vendor_Name
「ベンダの名前」(英文社名)を入力。

[2] Model_Part_Number
「モデル名」を入力。

[3] Product_Revision
「リビジョン」であり、「番号」は任意。

[4] TID
「Test ID」を入力。

[5] VIF_Product_Type
「Device」の場合は、「0: Port」を選択。

[6] Port_Label
「ポート番号」を入力。

「DUT」が複数の「ポート」をもち、さらにそれぞれの「ポート」の仕様が異なる場合は、各ポート毎に「VIF」を作る必要があります。

【VIF Productタブ】
すべての「DUT」で共通であり、主に製品の基本情報を登録します。

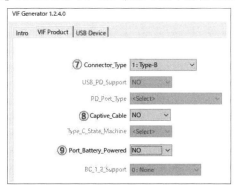

図3　製品の基本情報入力画面

「USB Vendor Info File」(VIF)とは

> [7] Connector_Type
> コネクタの形状。今回の例では「1: Type-B」を選択。
>
> [8] Captive_Cable
> 今回の例では「No」を選択。
> 「DUT」が「USBメモリ」などの「Captive Cable」の場合は、「Yes」になります。
>
> [9] Port_Battery_Powered
> 今回の例では「No」を選択。
> 試験対象のポートが、「DUT」に内蔵されているバッテリで駆動する場合は、「YES」になります。

【USB Deviceタブ】

前の[7]で「TypeB」を選択した場合、図4のようなのタブが表示されます。他を選択した場合は、別のタブが表示されます。

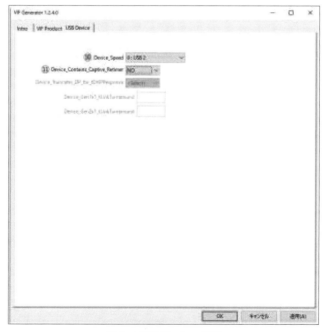

図4　USB Deviceタブ

「USB Vendor Info File」(VIF)とは

[10] Device_Speed
ここでは「0: USB 2」を選択

[11] Device_Contains_Captive_Retimer
そのポートが「リタイマ」を内蔵している場合は、「Yes」になります。
ほとんどの場合は「No」になるかと思います。

[1]〜[11]まで入力完了したら、右下の[適用]ボタンを押します。
その後、図5のように作成が完了した旨のポップアップが表示されます。

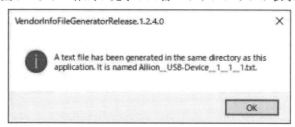

図5 作成完了を知らせるポップアップ

作られたファイルは、「VIF Generator」の実行ファイルである「VendorInfo FileGeneratorRelease.1.2.4.0.exe」と同じフォルダ内に保存されます。

「VIF」をテキストエディタで開くと、図6のようなイメージになります。

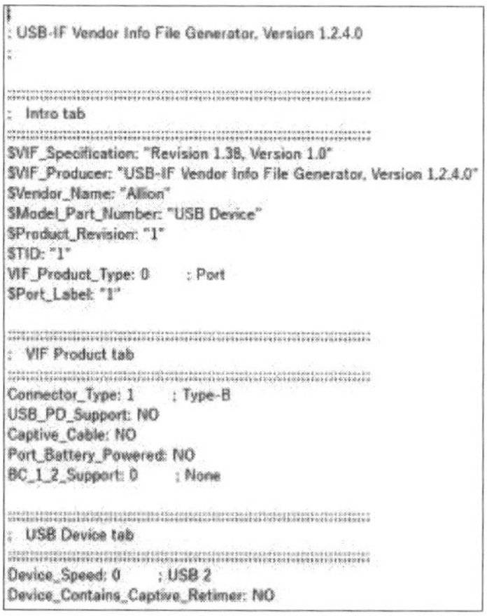

図6 テキストエディタで開いた「VIF」

「USB Vendor Info File」(VIF)とは

なお、作られた内容を修正したい場合は、下記ファイルを直接編集する事も可能ですが、「VIF Generator」の【Infoタブ】内にある[Load VIF]ボタンから修正したい「VIF」を開いて修正し、再度保存する方法をお薦めします。

直接編集した場合は、本来設定できない内容に書き換えることも可能であり、この場合テストが正常に実施できない可能性があります。

「VIF」を使った試験の例

では、「VIF」を使って具体的にどのように試験を実施しているのでしょうか。

ここでは「USB3CV/Connector Type Test」を試験の実施例とともに紹介します。

これは「Testbed PC」にインストールした、「USB3CVツール」で実施します。

[1]「Testbed PC」に試験対象の「DUT」を接続し、「USB3CV」を起動。
ウィンドウの左上の「Select Test Suite」の一覧から「Connector Type Tests [beta]」を選択します(図7)。

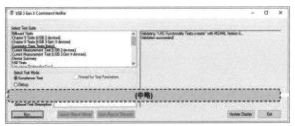

図7　USB3CVの起動画面

[2]「DUT」を選択して「OK」をクリック。
接続された機器の情報(「VID」「PID」など)が列挙されたポップアップが表示されるので、そこから選択してください(図8)。

「USB Vendor Info File」(VIF)とは

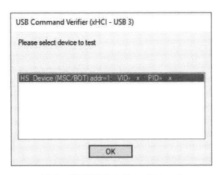

図8　機器情報のポップアップ

[3]「Standard USB Current」を選択し、下の[OK]をクリック（図9）。
「DUT」と「Testbed PC」の接続により、選択項目は変わります。

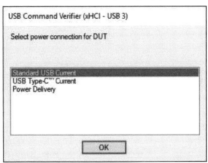

図9　「Standard USB Current」を選択

[4]「VIF」を要求するポップアップが表示されるので、下の[OK]をクリック
（図10）。

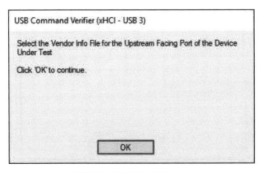

図10　[OK]をクリック

「USB Vendor Info File」(VIF)とは

[5]「DUT」用の「VIF」を選択し [Open] をクリック(図11)。

図11　DUT用の「VIF」を選択

[6] テストが実行される。

各項目の「実行」および「判定」は自動で行なわれます。

「Connector Type Tests」は、複数の小項目からなっており、それらはウィンドウの左下に表示されます。

項目が緑色になっているところは「Pass」を表わしています。

最終的にすべて「Pass」すると、「Test suite Passed」のポップアップが出てきます(図12)。

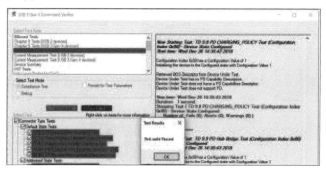

図12　すべて「Pass」した結果

[7] 所定のフォルダに自動でログが生成されるので、内容を確認。

図13のログ(抜粋)にて、「TD9.1」「TD9.2」では「Descriptor」関連のチェックを行なっていますが、「レガシー・コネクタ」の「DUT」の場合は、「PD Descriptor」をもっていなくても「Pass」と判定されます。

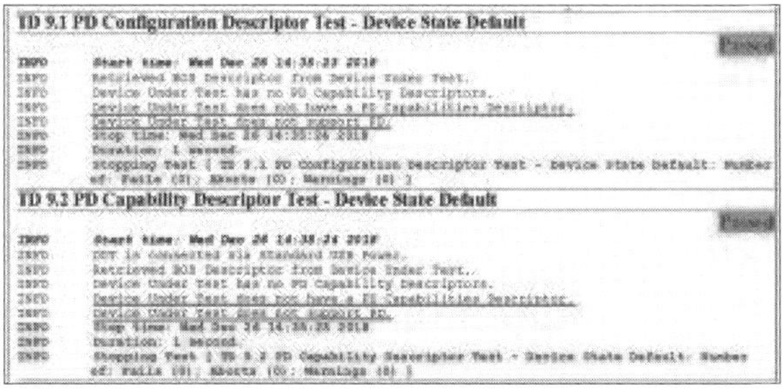

「USB Vendor Info File」(VIF)とは

図13　生成されたログ(抜粋)

各項目の定義

「USB2.0 Device Standard-Bコネクタ」のVIF作成例は、最もシンプルなケースになります。

しかし、「TypeCコネクタ」の「DUT」や「Power Delivery」対応の「DUT」は入力項目も多岐にわたり、内容も複雑になります。

もし不明点がある場合は、「VIF Generator」と同じフォルダ内にあるPDF形式の「入力マニュアル」(最新版は「Vendor_Info_File_v1.38.pdf」)を参照することで、各項目の内容を把握できます。

これは各項目の「定義」についてのマニュアルになるので、必要に応じてこのファイルも参照しながら作る事ことをお薦めします。

*

「DUT」の実装と「VIF」の内容に矛盾があった場合には、「本来実施するべき試験項目が実施されない」「本来実施しなくてもよい項目を実施してしまう」「Pass/Failを誤判定してしまう」などの現象が発生することがあります。

そのため、製品の仕様を元に、正しい「VIF」を作ってもらう必要があります。

充電問題か？「USB TypeC Power Delivery充電試験」

「ケーブル・コネクタ」のメーカーは、開発段階で「USB-IF」の仕様に準拠が必要であるほか、「製品品質」や「安全設計」を確保しなければなりません。

一般ユーザーの操作状況をシミュレーションして、使用者の経験を「マトリクス」としてまとめ、該当する「試験結果」と「規格の定義」の関係を分析しました。

1 潜在的なリスク

あるGoogleのエンジニアが、オンラインストアで販売されていた「USB TypeCケーブル」を試験したことで、思いもよらない災難に遭いました。

使ったケーブルが基準に準拠していない設計だったために、「Chromebook Pixel」に接続して試験をした際に、そのPCを破損させてしまったのです。

ケーブル内の「ワイヤ」のハンダ付けが間違っていたことによって、電流が間違った場所(または「ピン」)に流れたことが原因でした。

＊

また2016年の2月に、Appleは、2015年6月以前に生産されたケーブル設計に欠陥があったとして、「Apple純正USB TypeCケーブル」を回収しました。

該当するケーブルだと、「MacBook」に充電できなかったり、「充電」が"途切れる"現象が発生する可能性があったのです。

＊

「USB TypeC」は、「上下リバーシブル挿抜」「最大20Gbpsに対応」などが特徴です。

また、「USB Power Delivery」(PD)を適用することで、「充電」と「データ送信」を、個別にサポートすることができます。

「BC1.2」では「7.5W」だった電力供給量が、「PD」では最大で「100W」と飛躍的に向上しています。

*

「USB-IF」の充電規格以外では、「USB TypeC」は「Quick Charging」(QC)にも対応しています。

映像関係だと、「Alternate Mode」では1本のケーブルで「DisplayPort映像信号」の出力ができます。

このため、従来の「USB規格」と比較して、ケーブルの構造が非常に複雑になっています。

さらに、自社の「TypeC製品」(ケーブル含む)がさまざまな使用状況下でスムーズに動作できるかどうかを検証し、「電源供給能力の異常」「システムの停止」「コンポーネントへの影響」など、不測の事態が起きないように、注意深く調査する必要があるのです。

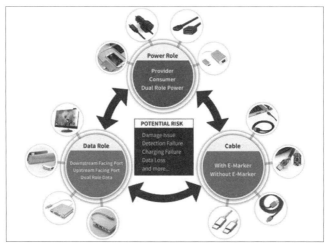

図1 「USB TypeC」のエコシステム

＊

こうしたホットなテーマと、市場にある"潜在的なリスク"を把握すべく、アリオンでは、一連の「USB TypeC」製品に関連した、「**互換性試験**」をデザインしました。

2 「USB TypeC Power Delivery」の互換性試験

■ 試験サンプル

「TypeCポートを備えたPC」「携帯電話」「タブレット」とその「正規充電器」など**合計10種類**を、「**試験サンプル**」として準備しました。

■ 試験フィクスチャ

アリオン独自開発による"「TypeC」のデジタル電源量の測定用治具モジュール"である、「**AU-16001**」(図2)や「**AU-16002**」(図3)を使うことで、高価で操作の複雑な「オシロスコープ」や「マルチメーター」などの購入によるコストを節約しました。

これによって、「充電物」と「被充電物」の間の、「電流」や「電圧」を素早く、正確に測定できます。

図2　AU-16001：電源測量用治具（Receptacle to Receptacle）

図3　AU-16002：電源測量用治具（Plug to Receptacle）

充電問題か?「USB TypeC Power Delivery充電試験」

■ 試験状況

この試験では、一般的な使用者がよく用いる状況をシミュレーションしました。

4種類の分類に分けられます(図4)。
・「試験A」:「TypeCデバイス」vs「メーカー正規のTypeC充電器」
・「試験B」:「TypeCデバイス」vs「他メーカーの充電器」
・「試験C」:「TypeCデバイス」vs「他メーカーのTypeCデバイス」
・「試験D」:「TypeCデバイス」vs「非TypeCシステム」

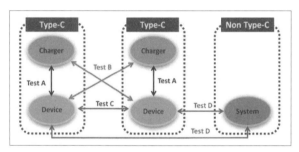

図4 「USB TypeC PD」試験状況図

● 「試験A」:「TypeCデバイス」vs「メーカー正規のTypeC充電器」

表1 「試験A」のマトリクス

Charger \ Device	Google Chromebook 2015	Apple MacBook MF855TA/A	Apple MacBook 12	Letv (X900+)	Letv (X600)	Xiaomi Mi-4c	LG Google Nexus 5X	HUAWEI Google Nexus 6P	Nokia N1	ASUS ZenPad S 8.0
Google Chromebook 2015	20V, 1.16A									
Apple MacBook MF855TA/A		14.6V, 1.9A								
Apple MacBook 12			14.5V, 1.88A							
Letv Max (X900+)				5V, 1.5A						
Letv (X600)					5.1V, 1.514A					
Xiaomi Mi-4c						9V, 1A				
LG Google Nexus 5X							5V, 1.5A			
HUAWEI Google Nexus 6P								5V, 2.5A		
Nokia N1									5V, 1.45A	
ASUS ZenPad S 8.0										5V, 1.1A

(注:「白色」の部分は「試験範囲」、「灰色」の部分は「試験の必要なし」)

充電問題か？「USB TypeC Power Delivery充電試験」

「試験A」では、「デバイスと正規の充電器との間で正常に充電されているか」を確認します。

手順としては、[1]まず「メーカー正規の充電器」がサポートする「電流」と「電圧」を記録し、その「キャパシティ」を定義します。
[2]次に充電器を接続した後のデバイスを確認し、「電流電圧」が充電器の規格と一致しているかどうかを観察します。

我々は、「Google Chromebook 2015」の**試験サンプル**を例として挙げ、該当する機種を「USB TypeC AC to DC」とし、充電器に記載されたサポート電圧電流の「キャパシティ」を、「5V/12V/20V=3A」としました。

[3]次に接続して充電後のデバイスを計測したところ、得られた「電流電圧値」は「20V =1.16A」となりました。

また「PD protocol」の双方の通信内容を検証して解釈すると、該当するデバイスと充電器の「PD」の通信内容が、実際の測量の効果とかみ合うこととなりました。

「試験A」のまとめ：
　10社のデバイスと対応する「正規充電器」との「互換性」は、規格と一致しました。

充電問題か?「USB TypeC Power Delivery充電試験」

● 「試験B」:「TypeCデバイス」vs「他メーカーの充電器」

表2.「試験B」のマトリクス

Charger \ Device	Google Chromebook 2015	Apple MacBook MF855TA/A	Apple MacBook 12	Letv (X900+)	Letv (X600)	Xiaomi Mi-4c	LG Google Nexus 5X	HUAWEI Google Nexus 6P	Nokia N1	ASUS ZenPad S 8.0
Google Chromebook 2015		20V,1.4A	20V,891mA	0V,0A	0V,0A	5V,450mA	5V,1.4A	5V,629mA	0V,0A	5V,800mA
Apple MacBook MF855TA/A	15V,2A		14.7V,1A	0V,0A	0V,0A	5V,1.38A	5V,1A	4.9V,609mA	0V,0A	0V,0A
Apple MacBook 12	13.3V,1.83A	14V,1.88A		0V,0A	0V,0A	5V,990mA	4.88V,1.57A	5V,1.4A	0V,0A	0V,0A
Letv Max (X900+)	5V,400mA	4.97V,430mA	5V,420mA			5V,1.4A	8.2V,920mA	5V,1.7A	5.1V,1A	4.9V,414mA	5V,1A
Letv (X600)	5V,1A	5V,1A	5V,465mA	5V,1.35A		4.7V,370mA	5V,1A	5.1V,927mA	5V,450mA	5V,2.4A
Xiaomi (Mi-4c)	4.8V,450mA	4.78V,422mA	5V,455mA	8V,900mA	4.7V,1.3A		4.86V,1.83A	5V,676mA	4.7V,776.5mA	5V,460mA
LG Google Nexus 5X	5V,3A	5.2V,2.87A	5.2V,2.8A	5V,1.57A	5V,1.5A	4.8V,1.2A		5V,2.1A	5V,1.5A	5V,1A
HUAWEI Google Nexus 6P	4.8V,3.3A	5V,2.2A	5.2V,2.8A	0V,0A	0V,0A	5V,1.26A	4.87V,1.6A		0V,0A	5V1.3A
Nokia N1	5V,0A	5V,450mA	5V,450mA	5V,969mA	5V,1.5A	4.7V,1.14A	5V,1.45A	4.9V,946mA		5V,445mA
ASUS ZenPad S 8.0	5V,1A	5V,1A	5V,390mA	5V,1.33A	5V,1.5A	4.7V,1.26A	5V,1.5A	5V,1.29A	5V,450mA	

(注:白色部分は「試験の必要なし」)

「試験B」は、主に「異なるメーカーのデバイスと充電器の間の互換性」を確認するための試験です。

一般ユーザーでよく利用される、各ブランドの「デバイス」と「充電器」の「相互接続」と「充電状況」を確認しました。

＊

「試験B」の結果は、異なるメーカーの「デバイス」と「充電器」との「互換性」を理解し、同時にメーカーが「充電器サプライヤー」を選択するための、重要な指標となることでしょう。

表2の中で、多くのブロックの数値はユーザー観点での結果と一致しており、「充電器」はデバイスに「電力」を供給できます。

太枠で囲んでいるブロックは、ユーザーが予期しなかった結果であり、「充電器」はデバイスに対して「電源供給」できませんでした。

しかし、**多くのブロック**中の数値は、本当に"規格に一致する"と言えるのでしょうか。

逆に、**太枠で囲んでいる**ブロックは、"規格に一致していない"と言えるでしょうか。

Googleのエンジニアが書いた文書が示す「不合格」(規範に一致していない)ケーブルは、「充電器」と「システム」側の両方に発生するものなのでしょうか。

この問題に対して、後半で検証します。

●「試験C」:「TypeCデバイス」vs「他メーカーのTypeCデバイス」

表3.「試験C」のマトリクス

Device	Device	Google Chromebook 2015	Apple MacBook MF855TA/A	Apple MacBook 12	Letv (X900+)	Letv (X600)	Xiaomi Mi-4c	LG Google Nexus 5X	HUAWEI Google Nexus 6P	Nokia N1	ASUS ZenPad S 8.0
Google	Chromebook 2015										
Apple	MacBook MF855TA/A	✓									
Apple	MacBook 12	✓	✓								
Letv	Max (X900+)	0V,0A No Enumeration	✓	✓							
Letv	(X600)	✓	✓	✓	✓						
Xiaomi	Mi-4c	✓	✓	✓	✓	✓					
LG	Google Nexus 5X	✓	✓	✓	✓	✓	✓				
HUAWEI	Google Nexus 6P	✓	✓	✓	✓	5V,430mA Source: Letv (X600) Sink: HUAWEI 6P	✓	✓			
Nokia	N1	0V,0A No Enumeration	0V,0A No Enumeration	0V,0A No Enumeration	✓	✓	✓	✓	✓		
ASUS	ZenPad S 8.0	✓	✓	✓	✓	✓	✓	✓	✓	✓	

(注:灰色部分は「試験の必要なし」)

「USB TypeC」では、「充電側」と「給電側」の役割を交換できることから、それぞれを定義できます。

「試験C」の主旨は、「2つのデバイスの間の相互運用性」と、そのプロセスで「**電力の役割(Power Role)をどう定義するか**」を確認しました。

*

この試験では、「E-marker」のないAppleオリジナルの「USB TypeC」のケーブル(2015年6月生産以前でない)を使って、デバイス同士を接続しています。

表3内のチェックマークが入っているブロックは、「相互動作」が確認できた部分です。

充電問題か？「USB TypeC Power Delivery充電試験」

一部のブロックでは、特殊な現象を確認しました。

「Letv Max」（X600&X900+）を「Google Chromebook 2015」と接続した際に、「Letv Max」の「Google Chromebook 2015」に対する電流は非常に小さく、最終的には給電を停止してしまいました。

また、「Nokia N1」を「Google Chromebook」「Apple MacBook MF855TA/A」「Apple MacBook12」にそれぞれ接続すると、3機種の「ノートPC」は、互いに充電することができませんでした。

「Letv」（X600&X900+）と「Google Nexus」（6P&5X）の間では、「UI」の調整によって充電方向に変化が見られました。

*

「試験C」の「マトリクス」は、ある疑問を呼び起こします。

2つの「TypeCデバイス」が相互で接続されている環境下では、どちらが「充電する側」となり、どちらが「充電される側」となるのでしょうか。

いかにして、「電力の役割」（Power Role）は定義されているのでしょうか。本節の後半で、この問題についての考察していきます。

●「試験D」：「オリジナルメーカーのTypeCデバイス」vs「非Type-Cシステム」

表4.「試験D」のマトリクス

Type-C Test Item	Non-Type C Host	HP EliteBook Folio 9480m (Windows based)	
		Current	Enumeration
Xiaomi	Mi-4c	960mA	Yes
LG	Google Nexus 5X	1.06A	Yes
HUAWEI	Google Nexus 6P	960mA	Yes
Nokia	N1	1.1A	Yes
ASUS	ZenPad S 8.0	660mA	Yes

「BC 1.2 CDP充電モード」は、一般的な携帯電話でよく見られる充電モードです。

同時に「データ送信」をサポートし、最大「7.5W」の充電ができます。

*

充電問題か？「USB TypeC Power Delivery充電試験」

「試験D」では、「USB TypeC製品」と「BC1.2 CDP」(Charging Down stream Port)をサポートする「USB TypeAポート」との接続を確認するための試験です。

製品が「USB TypeCコネクタ」であることで、「USB TypeA」の「CDP機能」を享受できるかどうかを確認します。

ここでは、「Windows PC」である「HP EliteBook Folio 9480m」を「TypeA Host」としました。

＊

実施の結果、「Xiaomi Mi-4c」「LG Google Nexus 5X」「Huawei Google Nexus 6P」「Nokia N1」「ASUS ZenPad 8.0」を含む5種類の携帯電話は、すべて「BC 1.2 CDPモード」に入ることに成功しました。

さらには、「Windows」のデータ送信ができるだけでなく、大きく「充電効率」が向上しました。

■ 試験の結論

「試験A」から「D」までの結果をまとめると、「TypeC」のデバイスがさまざまな充電モードをサポートできることが伺えます。

たとえば、「Xiaomi Mi-4c」は「DCP」「CDP」「TypeC UFP/DFP」と「QC2.0」の4種類のモードをサポートしており、各種のモードにより、さまざまな「充電効率」をもたらします。

もし、「Google Nexus 6P」の充電器を、異なる「TypeC」のデバイスに接続したとすると、製品によっては充電できないものあるでしょう。

充電しない状態は、使用者の「ユーザー・エクスペリエンス」に悪影響を及ぼし、製品側の問題であると誤認されてしまいかねません。

しかし、2項目の製品の充電モードには、相互での「互換性」がありません。

このような「充電しないこと」は、かえって規格に一致した「保護機能」の一

種と言えます。

表5. 結果のリスト

Charging Mode \ Model	Google Chromebook 2015	Apple MacBook MF855TA/A	Apple MacBook 12	Letv Max (X900+)	Letv (X600)	Xiaomi Mi-4c	LG Google Nexus 5X	HUAWEI Google Nexus 6P	Nokia N1	ASUS ZenPad S 8.0
Connect to DCP Charger	√	√	√	√	√	√	√	√	√	√
Connect to CDP Host	N/A	N/A	N/A	N/A	√	√	√	√	√	√
Type-C PD	√	√	√	Not Support	Not Support	Not Support	Not Support	Not Support	Not Support	Not Support
Type-C UFP/DFP	√	√	√	√	√	√	√	√	Not Support	√
Others				QC2.0 Support		QC2.0 Support				

√: Charging Support
N/A: Not Tested

前述の「試験B」と「試験C」で出た疑問に対し、この結果から合理的な解釈を導き出すことができます。

「**充電できるか否か**」は製品を判断する指標ではなく、「**充電する能力がある**」か「**充電できない**」ことが、双方の充電モードに「**互換性**」があるかどうかの結果となる可能性があります。

*

1つの完全な「USB充電モード」の検証に、上述の推論を考慮します。

すると、製品がほかの項目の製品とスムーズで正常に動作動作できることを確保することができ、また「充電結果」の合理性を正確に判断できるのです。

3 「TypeCデバイス」vs「他メーカーの充電器」

■ 個別案件の研究

● 「TypeCデバイス」vs「他メーカーの充電器」

表6 「試験B」の個別案件リスト

Charger	Device	Google Chromebook 2015	Apple Macbook MF855TA/A	Apple MacBook 12	Letv Max (X900+)	Letv (X600)	Xiaomi Mi-4c	LG Google Nexus 5X	HUAWEI Google Nexus 6P	Nokia N1	ASUS ZenPad S 8.0
LG	Google Nexus 5X	5V, 3A	5.2V, 2.87A	5.2V, 2.8A	5V, 1.37A	5V, 1.5A	4.8V, 1.5A		5V, 1.5A	5V, 799mA	5V, 1.5A	5V, 1A
HUAWEI	Google Nexus 6P	4.8V, 3.3A	5V, 2.2A	5.2V, 2.8A	0V, 0A	0V, 0A	5V, 1.26A	4.87V, 1.6A		5V, 2.5A	0V, 0A	5V, 1.3A

① ②

「試験A」の結果表と「PD protocol」の解釈に基づくと、「LG Google Nexus 5X」と「Huawei Google Nexus 6P」の充電器は、同様に「USB TypeC」の「メス」と「TypeC Current Mode」と「D+D-ショート」(「DCP」を使用可能) をサポートしています。

*

しかし、2種類は同じ充電を行なう充電器ですが、異なる結果となることが検証結果によって確認されました。

分析によると、「LeEco Letv Max」(X900+)、「Letv」(X600) と「Nokia N1」の設計は特殊であり、「Letv X900+ & X600」のデフォルトは、「TypeCがDFP」と定義されています。

「Nokia N1」は、「USB TypeC」の「CC Pin」を定義していません。

また、「USB TypeC」の規範の下で正常な「VBUS」の「電力供給」は、まず「CC Pin」上の「電圧」あるいは「電流」を識別します。

「Huawei Google Nexus 6P」の充電器は、正確に識別しましたが「電力供給」はしませんでした。

しかし、「LG Google Nexus 5X」の充電器は、識別をせずに「電力供給」を

開始しました。

識別せずに「電力供給」を行なうことは、「Back Voltage」のリスクと破損や故障を招く可能性があります。

表6中の①と②の下ブロック（充電しない部分）は、規範に一致した接続反応を示しています。
にもかかわらず、ユーザーにとって好ましくない「ユーザー・エクスペリエンス」をもたらしているのです。

＊

充電のそのほかのブロックは不正確な接続反応であり、使用者は充電して正常であると誤解しているのです。

「USB TypeC」の電源の互換性の難しいところは、**「充電できることが正しい行為とは限らない」**ことです。
充電できない可能性こそが、正しい動作なのです。

●「TypeCデバイス」vs「TypeCデバイス」

2つの「TypeC」のデバイスが接続されている環境下で、一体どちらが"充電する側"となり、またどちらが"充電される側"となるのでしょうか。
どのようにして「電力の役割」（Power Role）を定義するのでしょうか。

「役割」の定義づけの混乱を避けるために、検証過程において、「LG ＆ Huawei」の「Google Nexus」の携帯電話が使いやすく、充分に直感的な「UI」であることを確認しました。

「電力」の出力機能を備えた「TypeC」の製品と接続する際に、使用者は事前に「電力の役割」を設定できます。

図5は、「LG Google Nexus 5X」と「Huawei Google Nexus 6p」を接続した際のスクリーンショットです。

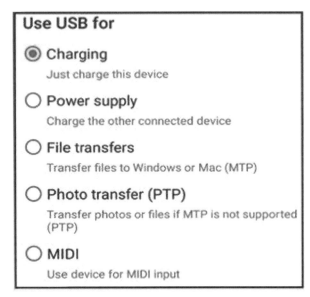

図5 「試験C」の個別確認

＊

「充電できるかどうか」は、「TypeC」対応の製品を評価する上での指標ではなくなりました。

「USB TypeC PD」は、双方が正確な「電流」と「電圧」であってはじめて、相互に通電する充電規格です。

「USB TypeC PD」技術が、確かな「USB充電モード」による検証方法でない限り、製品の「品質」と「安全」を確保するのが難しいことが、今回の結果から受け取れます。

「USB3.2 Gen1」(5Gbps)
ジッタ耐性テスト:測定不可事例と分析

「SuperSpeed USB」製品は、「基板」や「ケーブル」などにおける「高周波信号」に対する損失や、「ジッタ」の影響を大きく受けます。そのため、「物理層」が「USB規格」を満たしているかの確認が、大変重要になります。

その中の1つとして、「レシーバ」が仕様で規定された「ジッタ」をもった信号を正しく受信できるか、「ジッタ耐性テスト」を行ないます。

1 「CR(Clock Recovery)Lock」ができない問題

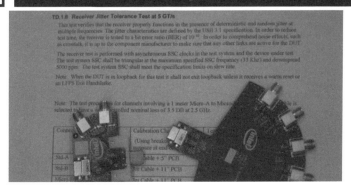

「ジッタ耐性テスト」では、「Loopback mode」に入らないなど、問題が発生したために「ジッタ耐性テスト」が測定できない、といったこともよく見られています。

今回は、実際の測定中に発生した問題を例として説明します。

*

「USB3.2 Gen1」(5Gbps)ジッタ耐性テスト:測定不可事例と分析

「ジッタ耐性テスト」を実施したところ、「CR Lock」ができずタイムアウトされ、「Loopback」シーケンスが完了できません(図1)。

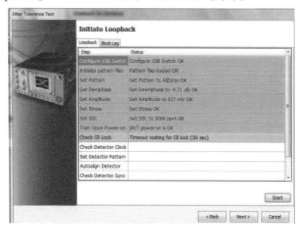

図1 「CR Lock」ができずタイムアウトする
(reference by Tektronix Solution)

「Loopback」のステートにするには、「LFPSハンドシェーク」でリンクの確立を開始します。

そして、「TSEQオーダーセット」(65,536回)を送出して、「イコライザ」の最適化をした後、「TS1」および「TS2オーダーセット」を使って「Loopback」ステートに遷移させます。

*

測定中に「CR」が「Lock」できず、「Loopback」に入らない問題に関しては、以下の可能性があります。

---

①「DUT」(Device Under Test)が、ジェネレータから出力された「LFPS」を認識できず、「LFPSハンドシェーク」が成立しない
②「LFPSハンドシェーク」は成功したが、「DUT」が「TSEQ」を出力しない、または、「TSEQ」を出力したが、65,536回までに繰り返し出力できず、「TS1/TS2」出力前に「Compliance Pattern」(CP0)に入ってしまった
③「TS1/TS2」における「Loopback」の「設定bit」を識別できない

「USB3.2 Gen1」(5Gbps)ジッタ耐性テスト:測定不可事例と分析

2 「Detector」が「Sync」にならない問題

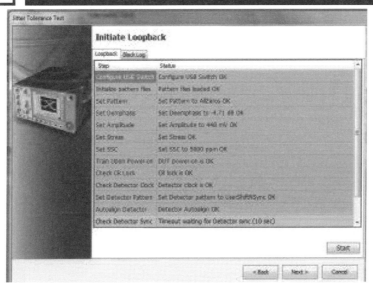

図2 「Detector」が「Sync」にならない
(reference by Tektronix Solution)

「Detector」が「Sync」にならない要因として、「エラー」が発生していることが考えられます。

その原因の一つとして、「DUT」の「Tx出力信号」の「Eye」が、充分開いていないことが挙げられます。

＊

「Tx出力信号」の「Eye」は、目安として「Eye Height」は「50mV」以上、「Eye Width」は「50ps」以上となります。

「Eye」が開いていない場合には、「Detector」は「DUT」の「出力信号」を正しく受信することができません。

147

「USB3.2 Gen1」(5Gbps)ジッタ耐性テスト:測定不可事例と分析

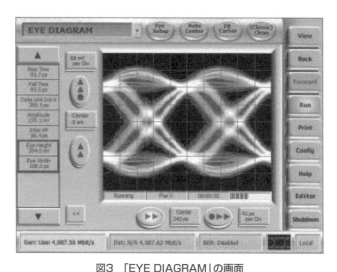

図3 「EYE DIAGRAM」の画面
(reference by Tektronix Solution)

*

ここで注意が必要なのは、上記の「Eye Height」と「Eye Width」は、「USB認証試験」で行なう「Transmitter Eye」の測定とは異なる点です。

「Transmitter Eye試験」での「Eye Height」と「Eye Width」は、「USB規格」で定めた「**CTLE**」を適用した後の測定値です。

*

もう一つの可能性として、「DUT」が「Loopback mode」に入っても、測定器がLoopbackモードへの遷移ができていないと判定されることが挙げられます。

これは、ジェネレータから「DUT」に送ったデータと、「DUT」から返すデータに相違が多く発生するためです。

*

「ジッタ耐性テスト」が実施できない原因は複雑で、特定が難しい問題です。

「オシロ」や「アナライザ」で、「Loopback」シーケンス状況を確認することや、また自力での解決が困難な場合には、「測定器メーカー」や、製品に採用している「チップ」のベンダーに問い合わせすることもお勧めです。

[実験]「スマホ」と「スマホ」をつないだら、起こること

ここ数年で、「USB TypeC」が市場に普及してきました。
「充電器」や「ノートPC」「タブレット」「スマホ」などには「TypeC」が搭載され、さらに、「PD」(Power Delivery)が実装されて、「急速充電」にも対応する製品が増えています。
今回、この「TypeC」の「Dual-Role-Power」(以下、「DRP」)について実験をしてみました。

「DRP」とは

「DRP」とは、「Dual-Role-Power」の略。
"電力の入出力の両方が可能な、TypeCコネクタ"のことを指しています。

たとえば、「スマホ」はこの「DRP」であるのがほとんどで、接続された相手によって、電力を"与える"、または"受けとる"こともできる便利な機能です。

＊

「DRP」を含め、他にも「USB TypeCコネクタ」を搭載する製品は、「電力」の観点から、以下の3つに分けられます。

・Source only
　電力を与えるだけの製品(例：充電器)
・Sink only
　電力を受けとるだけの製品(例：USBメモリ)
・DRP
　「Source」と「Sink」の両方の能力をもつ製品　(例：スマホ、タブレット、ノートPC)

たとえば、「Source」である充電器を接続すると、スマホは「Sink」になります。

また、「Sink」であるUSBメモリを接続すると、スマホは「Source」になります。

この両方の機能をもったものが、「DRP」です。

DRPとDRPの接続実験

「USB TypeC」のDRPの製品同士をつなぐとどうなるか、実験してみました。ここでは「DRP」の製品として「Androidスマホ」を取り上げます。

＊

「スマホ」と「充電器」を接続して充電をすることは一般的ですが、"スマホ同士を接続する"ことは、あまりないのではないかと思います。

今回、用意したAndroidスマホは、「Google Pixel2」と「LG G6」です(図1)。

図1 「Google Pixel2」(左)と「LG G6」(右)

それぞれ、本体の下部に「TypeCコネクタ」を搭載しています(図2)。

図2 「Google Pixel2」のコネクタ(左)と「LG G6」のコネクタ(右)

この2機種を、図3のように「TypeCケーブル」で接続します。

図3 「TypeCケーブル」でお互いを接続

スマホの画面右上にある電池のアイコンによって、「充電」しているかどうかを確認していきます。

「接続」と「切断」を数回ほど繰り返してみたところ、以下の2つのパターンがあることに気づきました。

①Pixel2が「Source」、G6が「Sink」になっているパターン(図4)

図4 Pixel2(上)、G6(下)の画面上部

② Pixel2が「Sink」、G6が「Source」になっているパターン（図5）

図5　Pixel2（上）、G6（下）の画面上部

＊

なぜ2つのパターンがあるのでしょうか。

「Type-Cコネクタ」の製品は「CC」（Configuration Channel）という信号線を用いて「Sorce」と「Sink」の役割の判別をしています。

「CC」には、「CC1」と「CC2」の2つがあり、この電圧を見ることで、その製品がどのような特徴をもっているか判別できます。

これは、TypeCコネクタの特徴である「リバーシブル接続」に対応するためです。

「CCピン」の波形観測

波形観測には、TotalPhase社の「USB PD Analyzer」を使いました。

＊

まず、TypeCコネクタの「スマホ用充電器」を、スマホと接続していない状態での「CC1」の電圧を見てみましょう（図6）。

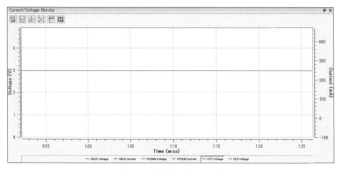

図6　充電器の「CC1」

[実験]「スマホ」と「スマホ」をつないだら、起こること

この例では、「CC1」は"約3V"で一定となっています。

このように、「Source only」の場合は、CCの電圧は"0V以外"の電圧で"一定"になります。

*

次に、DRPである「Pixel2」の例を見てみましょう(図7)。

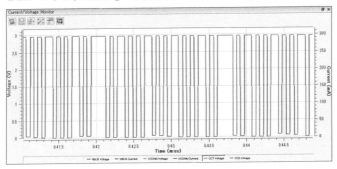

図7　Pixel2のCC1

CC1の電圧が「0V」と「3V」の間で切り替わっています。

電圧が3Vのときは「Source」の状態、0Vのときは「Sink」の状態になっています。

確認したところ、約60%は「Source」、約40%が「Sink」の状態になっていました。

*

それでは、「G6」の例も見てみましょう(図8)。

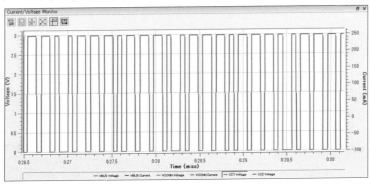

図8　G6の「CC1」

153

[実験]「スマホ」と「スマホ」をつないだら、起こること

　こちらもPixel2と同じ条件で「Source」と「Sink」の状態が変わり、その割合も同じものでした。

　このDRPの「Source」と「Sink」の割合は、30〜70％の間で、自由に設定することができます。

　今回の実験で、Pixel2とG6は、いずれも「Source」が"60％"となっており、どちらかというと「Source」の状態をとりやすくなっています。

＊

　この結果から、どちらの機器も「Source」になる状態は同程度の確率になるのではないか、と予想されました。
　しかし、「接続」と「切断」を100回繰り返したところで、明らかにG6が「Souce」をとる確率が高くなるという結果を得ました(**表1**)。

表1　「接続」と「切断」を100回繰り返した結果

Pixel2	G6	100回中(割合)
Source	Sink	30回
Sink	Source	70回

　Pixel2とG6は、いずれも「Source」の割合が**60%**となっていました。
　しかし、「CC1」の電圧の波形をみると、「Source/Sink」の間の切り替えの仕方には差が見られます。

　図6と**図7**の波形の「DRP」を組み合わせると、**図8**の波形のほうが「Source」をとりやすい、といった"相性"のようなものがあるのではないかと予想しています。

「Source」と「Sink」の切り替え設定

最後に、今回の実験の結果をまとめてみましょう。

- DRP同士を接続すると、一方からもう一方へ充電ができる
- 「Source」または「Sink」のどちらの状態をとるかは、その製品の設計次第。30〜70%の範囲で自由に設定可能
- 「Source」の割合が同じDRP同士であっても、「Source」と「Sink」の状態の切り替えの仕方によって、どちらの状態になりやすいかが決まる

＊

また、「Android スマホ」では、図9のように「Source」と「Sink」の設定を任意で切り替えることができます。

図9　「Source」と「Sink」の切り替え設定（Androidスマホの場合）

「Charge this device」（日本語版では「この端末を充電する」）に設定すると「Sink」に。

「Supply power」（電源として利用する）に設定すると、「Source」に設定できます。

これによって、「電池を分けてあげる」、または「電池を分けてもらう」といったことが簡単にできるようになっています。

[実験]「USB PDコントローラ」で「USB PD充電器」を制御する

「USB PD」が利用できると、充電時間が短縮されるなど、メリットも多いです。

今回は、「Source機器」と呼ばれる「USB PD充電器」に、「PDコントローラ」(AU16027)と「TypeCブレークアウト基板」(AUT17083)を接続し、動作に関する実験を交え、調査してみます。

「USB PD充電器」の実験

では、市販の「USB PD充電器」に「PDコントローラ」(AU16027)を接続して動作を確認してみます。

*

図1の左側が、サンプルに使った「USB PD2.0 5V 3A/9V 3A/12V 2.25A」対応の充電器で、右側が「PDコントローラ」です。

図1 「充電器」(左)と「PDコントローラ」(右)

[実験]「USB PDコントローラ」で「USB PD充電器」を制御する

　PCに「PDコントローラ」(AU16027)を接続し、「制御プログラム」を起動すると、以下画面(図2)が出て、「DUT」(USB PD充電器)→「Allion PD」(AU16027)の向きに、「Vbus 5V」が給電されていることが分かります。

図2　「制御プログラム」の画面

　初期状態は「5Vモード」なので、自作した「簡易電子負荷」を接続し、「2A」を引いてみました(図3)。

＊

　サンプルに使った充電器は、「5Vモード」で「3A」供給可能ですが、「過電流保護」が作動する可能性があるので、負荷電流は「2A」で中止しました。

図3　自作した「簡易電子負荷」を接続して実験

＊

　次に、「PDコントローラ」から「Power Request」(12Vモード)を送信して、

同様に「1A」を引いてみました(図4)。

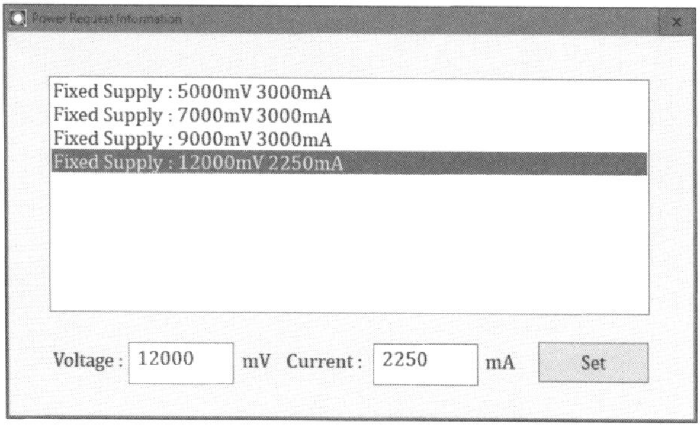

図4 「12Vモード」での結果画面

「12Vモード」で「2.25A」供給可能ですが、負荷電流は「1A」で中止しました (図5)。
なお、試しに負荷電流「2A」まで引いてみましたが、電流計が「2A+ α 」を示したところで「青色LED電圧計」が消灯したので、充電器の「過電流保護」が作動したようです。

図5 負荷電流は「1A」で中止となった

「USB PD充電器」+「TypeCブレークアウト基板」(AUT17083)+「PDコントローラ」を接続して、「CC」に細工をしてみます。

「USB PD充電器」を「12Vモード」に設定して、「TypeCブレークアウト基板」の「CC1ジャンパー」を抜いてみます(図6)。

[実験]「USB PDコントローラ」で「USB PD充電器」を制御する

図6 「TypeCブレークアウト基盤」の「CC1ジャンパー」を抜く

すると、「USB PD充電器」が「端子開放」を検出して、「Vbus 12V」給電を停止しました(図7)。

図7 「端子解法」を検出して、給電を停止

＊

次に、「CC」の通信波形を「Oscilloscope」で観測してみます。

図8の波形は、「5Vモード」から「12Vモード」に遷移したときの「Vbus」(左)と「CC」(右)の「電圧波形」です。

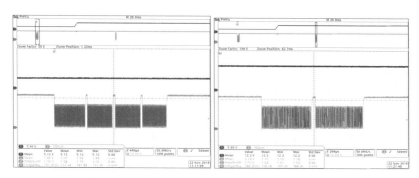

図8 「12Vモード」遷移時の「Vbus」(左)と「CC」(右)の電圧波形

　左側の拡大波形を見ると、「CC」に何らかのメッセージが送信されていることが分かります。

　そして、「PDコントローラ」が「USB PD充電器」に「12Vモード」のリクエストを送信していると推測できます。

　同様に右側の拡大波形は、「USB PD充電器」が「PDコントローラ」に、「GoodCRC」を送信していると推測できます。

＊

　図9の波形は、「CC」の「通信波形拡大図」で、「Biphase Mark Coding」（BMC）されていることが確認できます。

　左側の「カーソル間波形」は、「1UI」期間中に「Data遷移」がないため、「Logic 0」を示しています。

　右側の「カーソル間波形」は、同期間中に「Data遷移」しているため、「Logic 1」を示しています。

　「電圧軸」ではなく、「時間軸」方向に「Logic 0/1」を表現しているので、「周波数/位相変調」に類似する方式と考えられます。

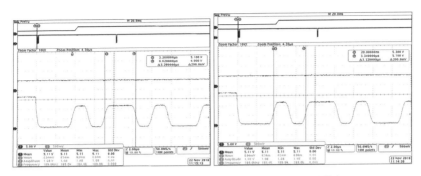

図9 「Logic 0」(左)と「Logic 1」(右)を示す通信波形拡大図

自作した簡易電子負荷に興味ある方は、下記ページを参照してください。

認証試験.com
専門的な回路設計が不要な、「半田付け」と「ドライバー」だけで作る、「USB Vbus 5V, 2A」の簡易電子負荷
https://www.ninshoshiken.com/simple-electrical-load-diy/

＊

「USB PD3.0規格」がリリースされ、今後は大電力供給可能な機器が市場に出回ることが予想されます。

どの機器も、「USB PD」の「認証試験」にパスすれば、性能と機能に問題ないと考えられます。

しかし、扱う電力が「最大20V 5A 100W」と、「BC1.2」の「5V 1.5A 7.5W」に比べ、"2桁"増加しています。

「USB PD充電器」の安全性を考えると、「過電流保護」「過熱保護」に加え、「人間の生活圏で発生する埃」「食料粉末」「化粧粉末」など、不純物付着による「ハーフ・ショート」と呼ばれる短絡状態にも耐える安全性を実装する必要があります。

そうすれば、「エンド・ユーザー」が安心して「USB PD」の恩恵を受けられます。

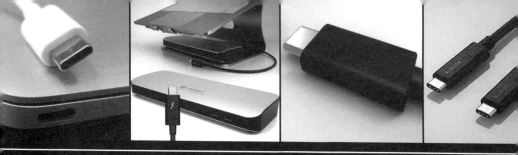

「USB接続問題」のさまざまな原因と、その問題の調べ方

　「USBデバイス」をパソコンに接続すると、以下のような問題が発生することがあります。

①「Unknown Device」になる
②「xHCIホストコントローラ」に接続した「SuperSpeedデバイス」が「High-Speedデバイス」として認識されてしまう

＊

　いったい、何が起きていて問題になっているのでしょうか。

　今回は、USBの「相性問題」と呼ばれる現象について考えられる原因を調査しました。

「USBデバイス」と「PC」の相性問題

　パソコンは、各メーカーの「USBホストコントローラIC」を搭載しています。

　各社の「IC」は独特の特性をもち、接続相手の機器との間で「相性問題」が発生することがあります。

　また、「ホストコントローラIC」が同一でも、それが搭載されている「基板設計・製造」が各社で違うため、「相性問題」が発生する可能性もあります。

「USBデバイス」と「Microsoft OS」の相性問題

　「Windows7」以前のUSB機器は、「Windows10」への対応に不備がある場合に「相性問題」が発生することがあります。

このようなケースでは、「USBドライバ」を最新版に更新することで解消されることもあります。

USB機器メーカーが提供している「USBドライバ」を入手し、更新してみるといいでしょう。

USBの「セレクティブサスペンド」(省電力機能)による相性問題

USB機器の「**省電力機能**」によって、PC管理下にあるUSB機器の「スリープ」や「スタンバイ」が実行されると、接続が解除されます。

その後、パソコンが「Power On」すると、USB機器が正常にリブートできないため、接続に失敗します。

USBの「**セレクティブサスペンド**」を「無効」にすることで、解消できることがあります。

「SuperSpeed接続」の失敗で、「High-Speedモード」に移行する問題

①「ホスト」がデバイス側の「ポーリングLFPS」に対して応答せず、試験モードである「Compliance Mode」に入ってしまう。
②ホスト側の「終端抵抗」が、「SuperSpeed」の「送受信ライン」に見付からない状態(Termination OFF状態)。

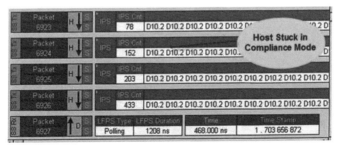

図1　USB通信のトレースのログ(参考by LeCroy Analyzer Solution)

図1のログを参照してください。

上記2点の問題から、ホスト側が「ポーリングLFPS」を送信せず、相手側の「レシーバ」が検出しないままタイムアウトすると、「ホスト」と「デバイス」間の「Link Training」が実行できません。

その場合、「SuperSpeedデバイス」は「High-Speed」(USB2.0) で接続される可能性があります。

このケースでは、USB接続はされますが、**「通信速度が遅い」**という問題が発生します。

*

USB機器の「相性問題」に関する原因は、多種多様かつ複雑です。

各メーカーの「ホストコントローラICの相性問題」「Microsoft OSのバージョンによる相性問題」「省電力機能の設定」など、いろいろな可能性があります。

また、「SuperSpeedデバイス」に対して、初期の「Link Training」で問題が発生すると、「High-Speed」(USB2.0)で接続され、通信パフォーマンスが低下してしまいます。

以上のように、「相性問題」にはさまざまな種類があり、それぞれ対策方法が異なります。

問題原因の特定が難しい場合は、まず、「ホスト」か「デバイス」のどちら側に問題があるか、「切り分け」をすることをお勧めします。

パソコンの普及拡大と「周辺機器をつなぐUSBインターフェイスの相互関係」について

今回は、「パソコンの発展」と「USB認証」についてのコラムです。

「パソコン」の創世

「パソコン」は、「パーソナル・コンピュータ」の略称ですが、1970年代に始まった「8ビット時代」から使われています。

そのころには、「マイコン」という略称も使われていて、こちらは「"マイ"コンピュータ」の略とする場合と「"マイクロコンピュータ"」の略など、諸説ありました。

現在では、「パソコン」が一般的で、「マイコン」は機器組み込み用の半導体を指すようになっています。

パソコンが「8ビット」の時代は、「設定」や「OSのインストール」など、専門知識がないと使うにはハードルが高く、一般にはなかなか普及しませんでした。

「16ビット時代となっても、その状況はあまり変わらず、「設定」や「OSのインストール」から解放され、買ったらそのまま使える状況になるには、「Windows」が普及するまで待たなければなりませんでした。

「Windows」と「USB」の発展

　1980年代に「Windows3.1」がリリースされ、しばらくすると、パソコンにプリインストールされて、同梱販売されるようになりました。

　それ以前の「Windows」は、別売りかつ自分でインストールして設定しましたが、「プリインストール・パソコン」では、「Windows」がすでにインストールずみで、設定もすでに完了しています。

　つまり、買ってきたらログイン名の簡単な設定のみですぐに使えるようになりました。
　これによって、面倒な作業がなくなり、パソコンは徐々に一般の人々にも浸透してきたのです。

＊

　その後、「OS」だけではなく、「ワープロ」や「表計算」「家計簿ソフト」から「ゲーム」まで、さまざまな「アプリケーション」がプリインストールされたパソコンが人気だったのも、この頃だったと思います。

　なによりも、「アプリケーション・ソフト」が機種固有のものではなく、"「Windows用」のものを買えばよくなった"のも、一般に普及した要因だと思います。
　それまでは、メーカーや機種ごとに「ワープロ」などのアプリケーションがありましたが、「互換性」がなく、機種を変えてしまうとアプリケーションも買い替え、となっていました。

＊

　「Windows3.1」の登場によって、パソコンは一般に広まりました。
　しかし、1995年にその次期バージョンである「Windows95」が衝撃的にデビューしたことは、今でも記憶に残っています。

　秋葉原では午前零時に販売開始されるなど、現在では想像もできないほど登場が歓迎されました。

　「USB」がパソコンに搭載されたのは、「Windows95」のときでしたが、「ドライバ」や「互換性」の問題などで、「**インターフェイスはあったけれども接続**

パソコンの普及拡大と「周辺機器をつなぐUSBインターフェイスの相互関係」について

される機器がほとんどない」という状態でした。

　「USB機器」が増えはじめたのは、「Windows98 Second Edition」が「USB1.1」に正式対応してからのことです。
　ここから徐々に「USB機器」が増えていきました。
　また、パソコンに搭載される「USB」の「ポート数」も増えてきました。

　しかし、依然として「プリンタポート」や「PS/2ポート」などの「レガシー・インターフェイス」は、「CPUリソース消費が少ない」というアドバンテージがありました。
　そのため、「レガシー・インターフェイス」用の機器は、なかなか「USB」に切り替わりませんでした。

＊

　2000年に入り、「USB2.0」が登場——通信スピードが「12Mbps」から一気に「480Mbps」となりました。

　それまでの「レガシー・インターフェイス」のスピードを一気に凌駕し、「CPU」も性能が上がって、「USBインターフェイス」が「CPUリソース」の消費を気にする必要もなくなり、「USB機器」が数多く販売されるようになってきました。

＊

　その後、「Windows」も「XP」となり、「USB2.0」で新設された「High-Speed」をサポートした「EHCI」を搭載したパソコンが多数登場しました。

　それまで、「SCSI」などの「レガシー・インターフェイス」に接続していた「外付けHDD」や「スキャナー」がUSB接続に。
　さらには、「プリンタ・インターフェイス」に接続していた「プリンタ」がUSB接続に対応し、「レガシー・インターフェイス」から「USBインターフェイス」に切り替わる製品が多くなっていきました。

＊

　また、「USB MEMORY」が広がりはじめたのも、このころです。

　後に、「レガシー・インターフェイス」は、「USBインターフェイス」に世代交代し、役割を終え、「ノートパソコン」は、長らく「PCMCIA拡張スロット」

を搭載していましたが、"小型軽量"を謳うパソコンではそのスロットを廃止し、「USBインターフェイス」に集約されていきました。

「PCMCIA拡張スロット」の後は、「Express Card規格」もありましたが、2011年に「Ultrabook規格」が登場してから、実装面積の問題で、徐々に姿を消していきました。

現在では、「PCMCIA」「Express Card拡張スロット」をもつノートパソコンは、ほとんど見掛けません。

「USBインターフェイス」は、「TypeC」が普及しはじめており、「HDMI端子」や「ノートパソコン電源端子」まで、すべて「TypeC」で賄えるので、「TypeCコネクタ」しか搭載しないノートパソコンも登場しています。

「新規インターフェイス普及期」のトラブル

「USB1.1」「USB2.0」「USB3.0」など、新しい「インターフェイス」が登場すると発生するのが、「**動作しない**」などのトラブルです。

*

登場後1～2年もすれば、安定化してトラブルは減ってきますが、新しい「インターフェイス」が登場して「認証試験」が開始されるまでの間に販売される、"USB規格を満たさない製品"のトラブルが多発します。

「USB」に限りませんが、新しい規格が登場した直後には、その規格を満たさない製品が多く販売される事が多く、トラブルが多発するなど市場に混乱を招きます。

*

また、**パソコン側**も規格を満たした「コントローラ」を使っているから問題ないと思われがちですが、「インターフェイス」が高速化されると、「コントローラ」から「USBコネクタ」までの設計品質によって、問題が発生する場合があります。

*

最近では、「USB3.2」が、採用可能な最新の規格となります。
しかし、「コントローラ」や「USBコネクタ」が「認証品」を使っていても、「認証試験」においてさまざまな問題が発生しています。

パソコンの普及拡大と「周辺機器をつなぐUSBインターフェイスの相互関係」について

「USB2.0」は、登場してからすでに10年以上経過し、問題がかなり少なくなりましたが、登場したばかりの初期段階には、さまざまな問題が発生しました。

「USB3.2」も、現在はさまざまな問題が発生していますが、今後経験として蓄積されていくに従い、「USB2.0」と同様に、徐々に問題が減っていくと思います。

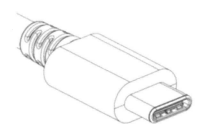

出 典

シュウジマブログ

- USB TypeC 関係の規格・用語を整理
  https://www.shujima.work/entry/2018/09/06/011726
- USB TypeC の機能やオルタネートモードを「わかりやすく」解説
  https://www.shujima.work/entry/2018/12/08/011441
- iPad Pro(2018年新型)のUSB-Cでできること, オススメアクセサリ
  https://www.shujima.work/entry/2018/10/31/084418
- 【2018年12月】USB-Cドックの選び方, オススメ15選【随時更新】
  https://www.shujima.work/entry/2018/02/23/154525
- 【高品質】ANKERのUSB 7in1プレミアムハブ買ってみた【詳細レビュー】
  https://www.shujima.work/entry/2019/01/26/011131

アリオン㈱ 技術ブログ

- 高速データ伝送コネクタ トレンドと検証ポイント
  https://www.allion.co.jp/high-speed-connector-trend/
- DisplayPort1.4認定開始 HDMIとの違い,「Alt Mode」
  https://www.allion.co.jp/displayport-alt-mode/
- USB TypeC 規格と試験のポイント
  https://www.allion.co.jp/usb-type-c-specification-point/
- 充電問題か？USB TypeC Power Delivery 充電試験
  https://www.allion.co.jp/usb-type-c-power-delivery/
- あなたの充電環境を守る認証 充電のリスクと安全性
  https://www.allion.co.jp/charging-risk-safety/

認証試験.com

- USB Vendor Info File (VIF) とは
  https://www.ninshoshiken.com/usb-vendor-info-file/
- パソコンの普及拡大と周辺機器をつなぐUSBインターフェイスの相互関係について
  https://www.ninshoshiken.com/pc-usb-evolution/
- USB TypeC 時代の電力関連の仕様とそれに関わる認証試験の例
  https://www.ninshoshiken.com/usb-type-c-power-spec-configuration-compliance-test/
- USB TypeC 機器の認証の第一歩 Type-C Functional TestのTD 4.1.1について
  https://www.ninshoshiken.com/usb-type-c-functional-test-td411/
- USB接続問題の様々な原因とその問題の調べ方
  https://www.ninshoshiken.com/usb-connectivity-problem-and-how-to-investigate/
- スマホとスマホと接続したら何が起きるの？USB TypeCのDual-Role-Power
  https://www.ninshoshiken.com/usb-type-c-dual-role-power/
- USB PDコントローラー(AU16027)でUSB PD 充電器を制御
  https://www.ninshoshiken.com/usb-pd-controller-au16027-source/
- USB3.2 Gen1(5Gbps)ジッタ耐性テスト：測定不可事例と分析
  https://www.ninshoshiken.com/ucb3-2-gen1-5gbps-jitter-tolerance-unmeasurable-case-analysis/

索引

記号、数字

+電源 ·· 11
20V DC電源アダプタ付き ················· 75
3.5mmイヤホンジャック ······················ 57
4K30fps ··· 51

《A》

AAAM ·· 18
ACアダプタ ·· 14
Alternate Mode ································ 19
Analog Audio アダプタ ····················· 53
Androidデバイス ······························· 61
Apple規格 ··· 27
ARC ··· 90
Audio Adapter Accessory Mode ············ 18

《B》

bMaxPower ····································· 108
bps (bit per second) ······················· 31
Bus-Powered ·································· 107

《C》

CC1ジャンパー ································ 158
CC線 ·· 10
CCピン ··· 18
CEC ··· 90
CPU ··· 22

《D》

D- ·· 31
D+ ··· 31
DAC ··· 44
DisplayPort 1.2 ··························· 52,66
DisplayPort 1.4 ································ 19
DisplayPort over USB-C ················· 22
DP Alt Mode on USB TypeC ·········· 89
DRP ··· 149
Dual-Lane ··· 17
Dual-Row SMT ································· 96
DUT ··· 87

索引

《E》

Enhanced SuperSpeed ……………… 23
eSATA ……………………………… 71
Ethernet変換アダプタ ………………… 80
EX350 ……………………………… 84

《F》

Fail事例 ……………………………… 83
Full-Featured ……………………… 10,61
Full-Featuredバージョン ……………… 96

《G》

Gen1 ………………………………… 16
Gen2 ………………………………… 16
Gigabit Ethernetポート ……………… 71
GND ………………………………… 10

《H》

HDMI ……………………………… 19,53
HDMI 1.4b ………………………… 19
HDMI 1.4b Alt Mode on USB TypeC …… 90
HDMIアダプタ ……………………… 56
HDMIオルタネート・モード ………… 46
HDRメタ転送 ……………………… 88
HEC ………………………………… 90
Hybrid ……………………………… 96

《I》

IEEE 1394a ………………………… 93
iMac ………………………………… 49
iPad Pro …………………………… 50

《K》

Kotomi ……………………………… 78

《L》

Legacyな端子 ……………………… 14
Lightning-イヤホンジャックアダプタ …… 57

《M》

M310P ……………………………… 84
MCPC認証試験 …………………… 119
MHL ………………………………… 19

《E》(続)

MHL Alt Mode for USB TypeC ……… 23
MHLオルタネート・モード …………… 46
micro-B ……………………………… 14
Micro-Bコネクタ …………………… 83
Mid-Mount ………………………… 96
mini DisplayPort …………………… 21

《P》

PDコントローラ …………………… 156

《Q》

Quick Charge ……………………… 27

《R》

Right Angel ………………………… 96

《S》

SBU ……………………………… 10,85
SBU線 ……………………………… 20
Self-Powered ……………………… 107
Side Band Use ……………………… 85
Sink ………………………………… 14
Sink機器 …………………………… 103
Source ……………………………… 14
Source機器 ………………………… 103
SSD ………………………………… 72
Standard-A ………………………… 14
Standard-Aコネクタ ………………… 83
SuperSpeed ………………………… 16
SuperSpeed USB …………………… 94
SuperSpeedPlus …………………… 15

《T》

TCDA規格 ………………………… 18
TD 4.1.1 …………………………… 83
TD 4.1.1 Initial Voltage Test ………… 83
Thunderbolt 2 ……………………… 21
Thunderbolt 3 …………………… 19,53
Thunderbolt 3ドック ………………… 65
TypeC Current ……………………… 27
Type-C Functional Test …………… 83
TypeCブレークアウト基盤 ………… 156

索引

《U》

- UFP-Powered･･････････････････････109
- USB 2.0･･････････････････････････････18
- USB 2.0 High-Speed･･･････････････93
- USB 3.1･･･････････････････････････････9
- USB 3.1 Gen2･･････････････････････52
- USB 3.1 SuperSpeed Gen 2･･････94
- USB 3.1 ドック･･････････････････････43
- USB 3.2･･････････････････････････････17
- USB Audio Device Class･････････18
- USB BC 1.2･････････････････････････27
- USB Billboard Device (USB BB)･･･20
- USB-IF･･････････････････････････････29
- USB On-The-Go････････････････････9
- USB PD･･･････････････････････････34,53
- USB PD アナライザ････････････････76
- USB PD 規格･･････････････････････58
- USB PD 充電器････････････････39,156
- USB PD のワット数･･･････････････71
- USB Power Delivery 規格････････94
- USB SuperSpeedPlus 通信･･････52
- USB TypeC･･･････････････････････････7
- USB TypeC Digital Audio･･････････18
- USB TypeC to HDMI アダプタ･････23
- USB TypeC-Lightning ケーブル･････58
- USB TypeC コネクタ･･･････････51,83
- USB TypeC 充電器･･････････････58
- USB3.1 ドック･････････････････････65
- USB-C･････････････････････････････････9
- USB-C Digital AV Multiport アダプタ･････51
- USB-C ドック･･････････････････････43
- USB 端子形状･････････････････････9
- USB 通信規格･･･････････････････15
- USB 電力送電規格･････････････25
- USB ハブ････････････････････････19,54

《V》

- Vbus･････････････････････････････････85
- Vconn･･･････････････････････････････85
- Vertical･････････････････････････････96
- VIF･･････････････････････････････････122

五十音順

《あ行》

- **あ** アクティブ・ケーブル･･････････14,73
  - アダプタ･･････････････････････････117
  - アナログオーディオ出力･････････18
  - アナログ音声･････････････････････57
  - アナログ音声出力･･････････････57
  - アナログ音声波形･･････････････44
  - アナログ専用･････････････････････44
  - 誤り訂正････････････････････････････27
- **い** 行き専用･･････････････････････････32
  - 稲妻マーク･･･････････････････････39
  - イヤホン・ジャック･･･････････････44
  - イヤホンジャック・アダプタ･････44
- **え** 映像伝送機能･･･････････････････90
  - 遠端クロス・トーク･･････････････112
- **お** オーディオポート･････････････････71
  - 親側･･････････････････････････････････9
  - オルタネート・モード･･･････････29
  - 音声波形･･････････････････････････44

《か行》

- **か** 外部給電････････････････････････53
  - 帰り専用････････････････････････････32
  - 過電流保護試験･･････････････120
  - 可変･････････････････････････････････25
  - 環境試験･･････････････････････････98
- **き** 機械試験･･････････････････････････98
  - 機械特性･････････････････････････111
  - 給電･････････････････････････････････35
  - 給電機能･･････････････････････････90
  - 近端クロス・トーク･･････････････112
- **く** クロス・トーク･･･････････････････112
- **こ** 高周波試験･･････････････････････98
  - 高速通信規格････････････････････37
  - 高速レーン･･･････････････････････19
  - 後方互換性･･････････････････････88
  - 子側･･････････････････････････････････9

索 引

《さ行》

- さ 差動伝送 ································31
- し シールド効果 ··························100
  - 時間領域 ····························115
  - 次世代通信規格 ······················17
  - ジッタ耐性テスト ··················145
  - 充電 ·······························35,58
  - 周波数領域 ·························115
  - シリアル・バス ······················92
  - シリアル・ポート ··················92
  - 信号強度 ····························27
  - 信号線 ································32
  - 信号ピン ····························85
  - 制御IC ································20
- せ セレクティブサスペンド ··········163
  - 前方誤り訂正（FEC）················88
- そ 送電電圧 ································13
  - 挿入損失 ····························113

《た行》

- た 代理モード ······························35
- ち 超高速 ····································37
- つ 通信規格 ··································7
  - 通信線 ································33
  - 抵抗値 ································87
- て デイジーチェーン（数珠つなぎ）·······21
  - ディスプレイ解像度 ················71
  - デバイス ······························7
  - 電圧 ·······························25,78
  - 電気試験 ····························98
  - 電気特性 ····························111
  - 電気メッキ要求事項 ················98
  - 電源 ···································78
  - 電源の規格 ···························34
  - 伝送距離 ····························17
  - 転送速度 ····························17
  - 伝送損失 ···························113
  - 電流 ···································78
  - 電力 ···································25
- と 同期（通信）ケーブル ···············61
  - ドッキングステーション ············64
  - ドック ································64

《な行》

- に 認証試験 ································83
- ね 熱こもり環境試験 ··················120
- も ノイズ除去 ······························40
  - ノイズ耐性 ···························32

《は行》

- は パーソナル・コンピュータ ·······165
  - ハーフ・ショート ··················161
  - パッシブ・ケーブル ················27
  - パラレル・ポート ··················92
  - 反射損失 ···························113
  - 汎用高速伝送規格 ··················20
- ひ ピン ···································13
- ふ 符号間干渉問題 ····················111
  - プラグ・アンド・プレイ ············92
  - フル機能 ····························40
- へ ヘッドホン・ジャック変換アダプタ ···18
  - 変換アダプタ ·······················13
  - ベンダ ································83
- ほ 保護機能試験 ·······················120
  - ホット・プラグ ······················92

《ま行》

- め メジャー・バージョンアップ ·······26

《や行》

- ゆ ユニバーサル・シリアル・バス ······92

《ら行》

- ら ラグ端子 ································96
- れ レガシーコネクタ ····················83
  - レセプタクル（メス）···················9

175

■著者略歴

アリオン(株)

アリオンは1991年に創業以来、IT/家電製品をはじめとした「認証・検証」を、事業の柱としている。
「USB-IF」から公式ラボとしての認定を受けており、「USB PD」のほか、「Type-C」「USB2.0/3.2」など、USBに関する豊富な認証実績をもつ。
最新の技術動向に追随しながら、業界最高レベルの品質向上・開発支援サービスを提供し続けている。
https://www.allion.co.jp/

「認証試験.com」は、アリオン㈱が運営する「認証試験」の情報を取扱うブログメディア。
技術情報を求める日本の開発エンジニアに向けて、IT機器に搭載されているものを中心に幅広く紹介。
アリオンで日常的に行なわれている試験や規格の最新動向など、さまざまな観点から、定期的に情報を発信している。
https://www.ninshoshiken.com/

シュウジマ

1994年、岐阜県生まれ。
幼少のころから「ものづくり」に興味をもち、小学2年生から電子工作をはじめた。
現在まで、趣味で「回路設計」や「プログラミング」を行なっている。
https://www.shujima.work/

[受賞歴]
電気学会学術奨励賞、ラズパイコンテスト技術賞
[資格]
第3種電気主任技術者試験
第1種電気工事士
工事担任者AI第3種
組み込みソフトウェア技術者試験クラス2 グレードB
3次元CAD利用技術者1級

本書の内容に関するご質問は、
①返信用の切手を同封した手紙
②往復はがき
③FAX (03) 5269-6031
　(返信先のFAX番号を明記してください)
④E-mail　editors@kohgakusha.co.jp
のいずれかで、工学社編集部あてにお願いします。
なお、電話によるお問い合わせはご遠慮ください。

サポートページは下記にあります。

[工学社サイト]
http://www.kohgakusha.co.jp/

I/O BOOKS
実践「USB TypeC」

2019年4月5日　初版発行　Ⓒ2019	著　者　アリオン㈱、シュウジマ
	発行人　星　正明
	発行所　株式会社 工学社
	〒160-0004 東京都新宿区四谷4-28-20 2F
	電話　　(03) 5269-2041 (代) [営業]
	(03) 5269-6041 (代) [編集]
※定価はカバーに表示してあります。	振替口座　00150-6-22510

印刷：シナノ印刷(株)

ISBN978-4-7775-2074-9